道ばたのイモムシケムシ

川上洋一……［文・構成］
みんなで作る日本産蛾類図鑑……［編］
（阪本優介　神保宇嗣　鈴木隆之）

東京堂出版

はじめに

この本の姉妹編である『庭のイモムシケムシ』でも解説したように、チョウやガ、ハバチなどの幼虫は、どんなに大きな都会でも出会うことができる、私たちに最も身近な野生動物です。

姉妹編では、庭や畑で見られる計138種について紹介しましたが、彼らの全体像をつかむには全く足りないかもしれません。なにしろ日本には、知られているだけでも7000種以上のイモムシ・ケムシがいるのですから。

オオムラサキ
(P44)

ホシアシブトハバチ
(P16)

そこでこの本では、家から少し足をのばして、町のなかの公園や街路樹、河原や草むら、さらには里山の雑木林といった環境で出会う機会の多い、160種について新たに紹介しました。

より緑が豊かな環境のなかには、家のまわりでは見られないような不思議な姿や形、色、模様、しぐさのイモムシ・ケムシたちがすんでいます。種類も比べものにならないほど多く、自然の多様性を教えてくれるでしょう。

バイバラシロシャチホコ
(P71)

さらに彼らは、私たちに本当の自然の豊かさとは何かを伝えてくれます。野生動物である彼らは、植物や他の生きものとの間にある、食べる食べられる関係をもとにした「生態系」のなかで生きています。見つかるイモムシ・ケムシの種類がバラエティに富んでいるほど、その場所の生態系は複雑で、自然が豊かであると言うことができるのです。

シンジュサン
(P56)

逆に、いくらうわべだけ緑がいっぱいに見えても、わずかな数のイモムシ・ケムシしか見られなかったり、

クワゴ (P55)

アケビコノハ
(P85)

ごく限られた種類しかすめないような環境では、豊かな自然とは言えません。

庭や畑では、自分の身の回りも自然とつながっていることを教えてくれたイモムシ・ケムシたちは、身近な自然のなかでは、その豊かさを測るためのものさしにもなるわけです。

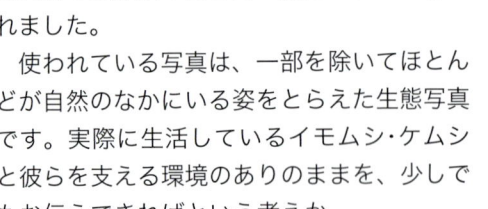

シンジュサン
(P56)

この本は、Web図鑑である「みんなで作る日本産蛾類図鑑」を運営する私たちの呼びかけに応えて、Webサイトに多くの情報や画像を寄せていただいた全国の皆さん、また、ハバチやチョウといったガ以外のグループの資料を提供していただいた大勢の愛好家の皆さんの協力によって作られました。

使われている写真は、一部を除いてほとんどが自然のなかにいる姿をとらえた生態写真です。実際に生活しているイモムシ・ケムシと彼らを支える環境のありのままを、少しでもお伝えできればという考えからです。

スミナガシ
(P40)

コジャノメ
(P46)

この本を手に、一人でも多くの方がフィールドに出て、イモムシ・ケムシとそれを取り巻く自然について理解を深めていただければ、私たちにとって何よりの喜びです。

イボタガ(P58)

2012年5月
「みんなで作る日本産蛾類図鑑」管理人一同

目次

- イモムシ・ケムシを観察に行こう！……06

ハバチ類

ヒラタハバチ科……………………14
ミフシハバチ科……………………15
コンボウハバチ科…………………16
マツハバチ科………………………17
ハバチ科……………………17〜18

チョウ類

セセリチョウ科……………19〜23
アゲハチョウ科……………23〜26
シロチョウ科………………………27
シジミチョウ科……………28〜36
タテハチョウ科……………36〜44
タテハチョウ科・ジャノメチョウ亜科……44〜46

ガ類

ヒロズコガ科………………………46
ミノガ科……………………………47
キバガ科……………………………48
イラガ科……………………………49
ハマキガ科…………………49〜51
メイガ科……………………………51
ツトガ科……………………52〜54
カレハガ科…………………54〜55
カイコガ科…………………………55
ヤママユガ科………………56〜58
イボタガ科…………………………58
スズメガ科…………………59〜62
アゲハモドキガ科…………………62
カギバガ科…………………63〜64
シャクガ科…………………64〜71
シャチホコガ科……………71〜74
ドクガ科……………………75〜78
ヒトリガ科…………………79〜81
コブガ科……………………81〜82
ケンモンガ科………………………83
ヤガ科………………………82〜93

食樹

ヒノキ・スギ【ヒノキ科】……………98
クスノキ【クスノキ科】………………99
モクレン【モクレン科】………………99
サルトリイバラ【サルトリイバラ科】……100
アワブキ【アワブキ科】………………100
アケビ【アケビ科】……………………101
ウツギ【ユキノシタ科】………………101
コマツナギ・ハリエンジュ【マメ科】……102
クヌギ【ブナ科】………………………103
コナラ【ブナ科】………………………104
ハンノキ【カバノキ科】………………105
クルミ【クルミ科】……………………105
ポプラ【ヤナギ科】……………………106
クワ・イヌビワ【クワ科】……106〜107
ノイバラ【バラ科】……………………107
エノキ【ニレ科】………………………108
カラスザンショウ【ミカン科】………108
ケヤキ【ニレ科】………………………109
コクサギ【ミカン科】…………………109
ミズキ【ミズキ科】……………………110
アセビ【ツツジ科】……………………110
イボタノキ【モクセイ科】……………111
ガマズミ【スイカズラ科】……………111

食草

シダ類【シダ植物】……………………112
ススキ・ヨシ【イネ科】………112〜113
ウマノスズクサ【ウマノスズクサ科】……113
ギシギシ・イタドリ【タデ科】………114
ヤブカラシ【ブドウ科】………………115
ヘクソカズラ【アカネ科】……………115
クズ【マメ科】…………………………116
タチツボスミレ【スミレ科】…………116
カラムシ【イラクサ科】………………117
ヨモギ【キク科】………………………117

- イモムシ・ケムシの写真を撮ろう……94
- イモムシ・ケムシを観察しよう……118〜126
- 索引……………………………………130

この本の使い方・凡例

◆本書は、住宅地の庭や家庭菜園といったごく身近な場所で、比較的よく見られる膜翅目（ハチ）や鱗翅目（チョウやガ）の幼虫であるイモムシ・ケムシから、ハバチ類10種、チョウ類55種、ガ類95種の計160種について解説したものである。紹介した画像や情報は、Webサイト「みんなで作る日本産蛾類大図鑑」に寄せられたものを中心にした。

◆種の解説では終齢幼虫と成虫の生態写真を示し、幼虫の体長・成虫の開張・分布・幼虫や成虫が見られる時期・化性・越冬態・食草や食樹に加えて、形態や習性、生息環境などの特徴を紹介した。また、若令幼虫や巣、別アングルからの写真などもできるだけあげ、種のプロフィールが理解できるように努めた。人体に害のある種には毒の表示をした。さらに巻頭の検索表で、大まかな種類の目安をつけられるようにした。

◆種の解説で紹介したものが食樹や食草としている植物から、木本25種、草本13種の計38種を別ページにまとめ、イラストとともに分布、各部位の特徴、人間の利用、生えている環境、昆虫との関係などを紹介した。さらにその植物を食べている種類をあげて本書での掲載ページを示し、見つけたイモムシ・ケムシを植物の種類からも検索できるようにした。また、イモムシ・ケムシへの興味と親しみをより深められるように、環境ごとの観察のポイントについて解説した。

◆発生期については、本州中部の太平洋岸を基準としており、天候や季節の進み具合などによって、最大で2～3週間前後する場合がある。分布の「琉球」は、トカラ構造海峡（渡瀬線）以南を指す。

◆分類体系は、チョウについては日本産蝶類和名学名便覧（猪又敏男他, 2010）ガはList-MJ 日本産蛾類総目録（神保宇嗣, 2008・いずれも巻末参考資料参照）被子植物はAPG植物分類体系Ⅲ（2009）に準拠しているが、紙面の都合により一部で配列が変わっている。また、検索表に合わせてジャノメチョウ亜科を表記した。

紹介する幼虫の和名、科名、学名。　　基本的に終齢幼虫と成虫をあげ、若齢幼虫、巣、オスメスなどの場合は表記。
幼虫が見られる季節。　　📷は写真提供者の欧文略字（P128参照）

イボタガ 春 夏 秋 冬
【イボタガ科】 *Brahmaea japonica*

体70〜100mm　開80〜115mm　分北海道〜九州　幼虫期／4〜6月（蛹越冬）　成虫期／3〜4月（年1化）　食イボタノキ・モクセイ・トネリコ・ネズミモチ・ヒイラギ・マルバアオダモ

▶つやのある明るい黄緑色の体で、背面が青白色の大きなイモムシ。気門に沿って黒いまだらの帯が走り、全身に小さな黒点が散らばる。胸の背面にある1対の黒紋は大きく、驚かすとこの部分を高くもちあげる。胸脚や腹脚も黒い。終齢になるまでは、胸に2対、尾に3本のちぢれたヒモのような突起がのびている。雑木林や山地の林で見られるが、里山に隣り合った住宅地の垣根にいることもある。成虫は日本のガのなかでも飛び抜けて特異な模様をもち、灯りに飛んで来る。

幼虫
📷 ishi

若齢幼虫
📷 skmt

成虫
📷 skmt

体は終齢幼虫のおおよその体長。開は成虫の開帳。分は分布域。食は幼虫が食べる植物。他に幼虫・成虫の見られる時期、越冬の際の成長過程、化性などを表記。

紹介する幼虫や成虫の外見的特徴、習性、見られる環境、人間との関係を解説。

紹介する植物の和名、科名、学名。　　紹介する植物の葉や花の外見的特徴や生態を解説。分は分布、特は特徴。

ノイバラ
【バラ科】 *Rosa multiflora*

落葉樹　半つる性低木　分北海道南西部〜九州　特葉は7〜9枚の奇数羽状複葉で、先がとがった楕円形の小葉には細かい鋸歯がある。茎には鋭いトゲがあり、高さは1〜2メートルだが、他のものに寄りかかると数メートルまで伸びる。5〜6月に5枚の花弁をもつ白い花を房のようにつけ、秋にはつやのある赤い実がなる。

▶道ばた、草原、河原、林の縁などの日当たりのよい場所に生える。実が薬になるほか、園芸品種のバラを接ぎ木する台木に使われる。多くの種類の昆虫が、葉、花、茎を食べるほか、花にもチョウやハチ、甲虫が集まる。

●この植物を食べる幼虫
ヤクシマルリシジミ（35）キエダシャク（68）チュウレンジバチ（庭12）フタナミトビヒメシャク（庭61）
●共通する幼虫が食べる植物
バラ（庭91）

紹介する植物の生えている環境、人間の利用、他の昆虫との関係を解説。

この植物を食べる幼虫と、その掲載ページ。

上記の種の幼虫が共通して食べる植物。

イモムシ・ケムシを観察に行こう!

出発!

町のなかにもすみついているイモムシ・ケムシを探しに、やって来たのは東京都内の公園。

発見!

さっそく植込みのツバキで何かを発見です。

おっと、これは刺されると危険なチャドクガの群れ。さわらないように観察します。

公園を抜けて、緑の多い住宅地へ。あちこちのぞき込んで不審者に間違われないように、住んでいる人には一声かけましょう。

住宅の門柱にからみついたツタにもケムシの姿が。

発見!

幼虫も成虫も美しいトビイロトラガです。

決して怪しい人たちではありませんが…(笑)

道ばたの舗装のすき間から、ひょろひょろと生えたヤブカラシも見逃せません。

目玉模様が並んだコスズメのイモムシです。

柵にからみついた草にも注目です。

川沿いの遊歩道はイモムシ・ケムシの絶好の観察スポット。

発見!

オニドコロにつくられたダイミョウセセリの巣。

ウマノスズクサを食べるジャコウアゲハが見つかりました。

発見!

イモムシ・ケムシとは

完全変態のための体

　イモムシ・ケムシが、チョウやガなどの幼虫であることを知らない人は少ないと思うが、蛹を境にまったく違った姿に変わるシステムは、昆虫のなかでもチョウ・ハチ・ハエ・甲虫などの最も進化したグループだけがもっている。なるべく多くの子孫を残そうと飛びまわる成虫に対し、ただひたすら食べて成長するだけの幼虫がこれほど違う姿なのは、それぞれの目的に適応して合理性を追求した結果なのだ。

腹脚の重要な働き

　イモムシ・ケムシの円筒形の体は、そのほとんどを消化器が占めている。長くて重い腹部を支えるためにイボのような腹脚が発達し、とくにハバチ類では数が多い。シャクガ科や一部のヤガ科の幼虫のように、体を曲げ伸ししてシャクトリムシ型の歩き方をするものは、数対の腹脚が退化している。同じように植物の葉や茎で活動するハムシやテントウムシの幼虫には、この腹脚がないせいか体は短く、見分ける時のよいポイントになる。

天敵への防衛が生んだ姿

　胸脚だけで歩きまわる昆虫に比べると動きはにぶいので、さまざまな方法で敵から身を守っている。背景にとけ込むような色や形のもの、体内に毒をため込むもの、ツノや模様、姿勢などで相手をおどすもの、他の生物のまねをしているように見えるものなどがあり、ケムシも敵が食べにくい毛を体じゅうに生やしているとも考えられる。

各部分の名称

イモムシの体 (コスズメ)

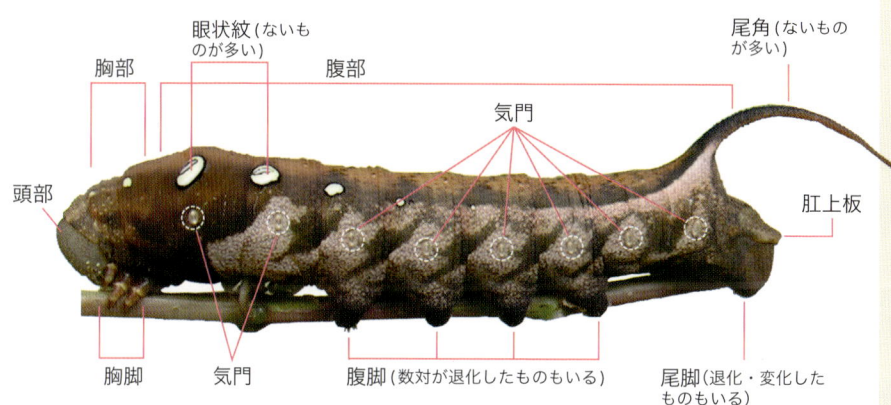

頭部／胸部／眼状紋(ないものが多い)／腹部／気門／尾角(ないものが多い)／肛上板
胸脚／気門／腹脚(数対が退化したものもいる)／尾脚(退化・変化したものもいる)

ケムシの体 (コウスベリケンモン)

刺毛(毒はない)／胸部／腹部
頭部／胸脚／腹脚／尾脚

成虫の体（アケビコノハ標本）

用語の説明

●終齢・若齢

　卵からかえったばかりの幼虫は、1齢または初齢と呼ばれ、成長して脱皮し、2齢、3齢と進むに従い若齢、成長しきって蛹になる前の段階を終齢と呼ぶ。終齢幼虫は種類によって、体長は1齢の10倍以上、体重は1000倍以上に成長する。

●脱皮

　昆虫は外骨格動物のため、小さくなった皮を脱いで成長する。脱皮の前には糸で台座を作り、「眠」と呼ばれるじっとした状態で過ごす。

●前蛹・蛹化

　蛹になる直前の幼虫には、体の色が変わる、ひたすら歩きまわる、下痢状の便をするなどの変化が現われる。そして繭にくるまったり、糸で体を固定したり、土に潜ったりして、体が縮みじっと動かなくなる。この段階を前蛹と呼び、さらに皮を脱ぎ蛹になることを蛹化という。前蛹の時期は多くは数日間だが、繭の中や地中でそのまま数ヶ月過ごすものもいる。

●羽化

蛹のからを脱ぎ、縮んでいた翅を伸ばして成虫になること。マユをつくるものでは口から出す液体で糸を柔らかくし、出口を広げて外へ出て来てから翅を伸ばす。羽化したばかりの翅はしわだらけで柔らかく、飛べるくらいに硬くなるまでは数時間かかる。

●縦縞・横縞

動物では頭から尾端に向って水平に走るものを縦縞、これと垂直のものを横縞と呼ぶ。例えばシマウマは横縞。

●化性・季節型

卵から成虫になるまでの世代のサイクルが、年に一回のものを年1化と呼び、くり返されるものはその回数によって、2化、3化となる。種類によっては、現われる季節によって大きさや翅の形、斑紋などが違うものがあり、季節型と呼ばれる。

●越冬態

卵ー幼虫ー蛹ー成虫といった成長サイクルのどの段階で冬を越すかを表す。種類によってほぼ決まっているが、寒い地域で越冬ができないことが、分布を決める要因になっている場合もある。

●食樹・食草

イモムシ・ケムシのエサとなる植物で、草本は食草、木本は食樹と呼ばれる。葉だけではなく、花やつぼみ、実、根なども含まれる。1種類の植物だけしか食べないことは少なく、近縁のグループのものなら食樹・食草になることが多い。多くの科にわたる植物を食べるような種類は広食性と呼ばれる。

●ユズボウ・アオムシ・イラムシ・シャクトリムシ

グループによっては、色や形、動きなどに共通の特徴をもつ幼虫がいる。ユズボウは、胸の後ろがふくらみ眼状紋をもつアゲハチョウ科の一部の終齢幼虫を指し、全身に細かい毛が生え緑色のシロチョウ科の幼虫はアオムシと呼ばれる。イラムシは、寸づまりなイラガ科幼虫のうちで一面にトゲの生えたもの。細い体を曲げ伸ばしして歩き、腹脚の一部が退化したものはシャクトリムシと呼ばれるが、一部のヤガ科なども似た動きをする。

検索チャート

※掲載種のみ対応

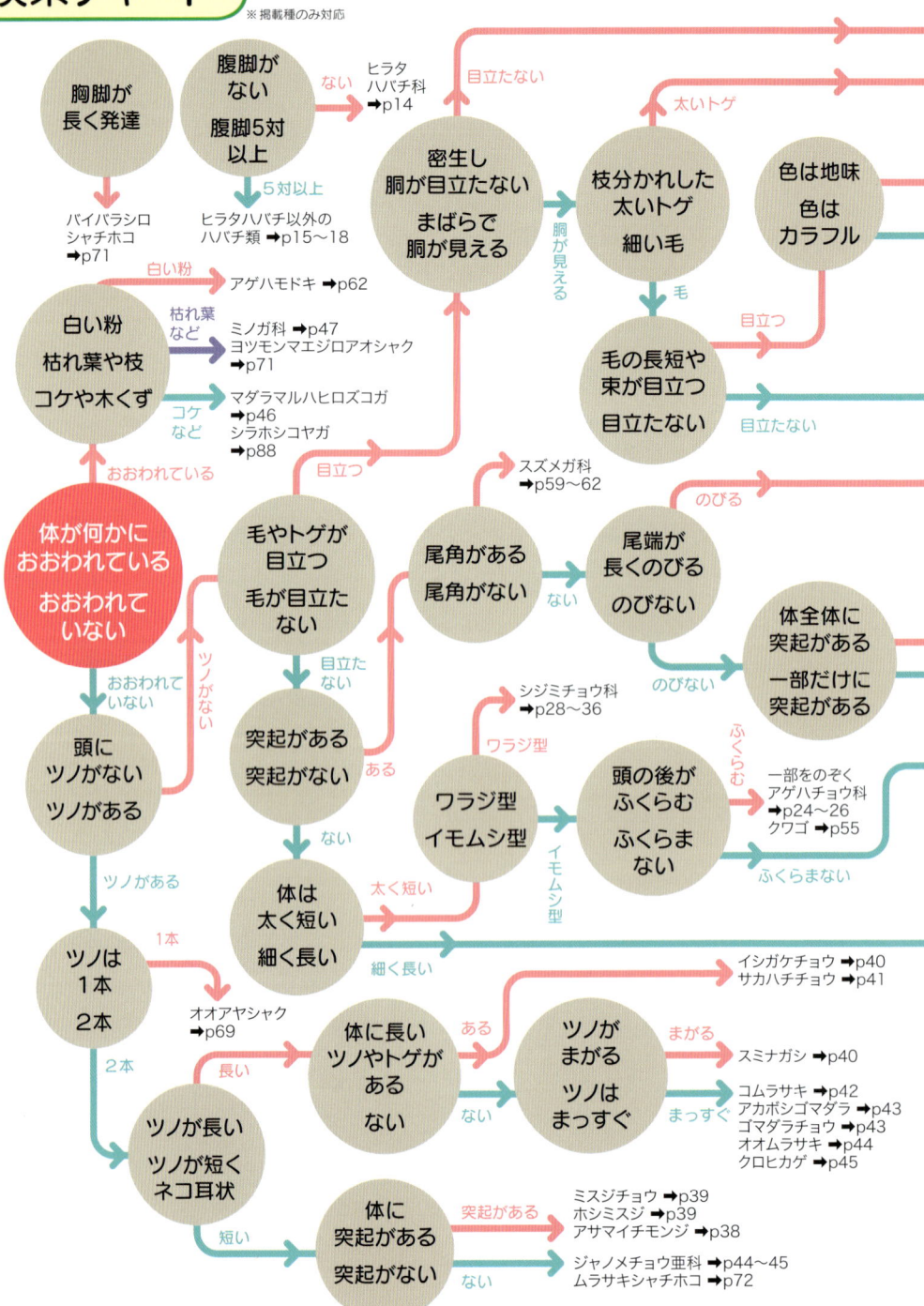

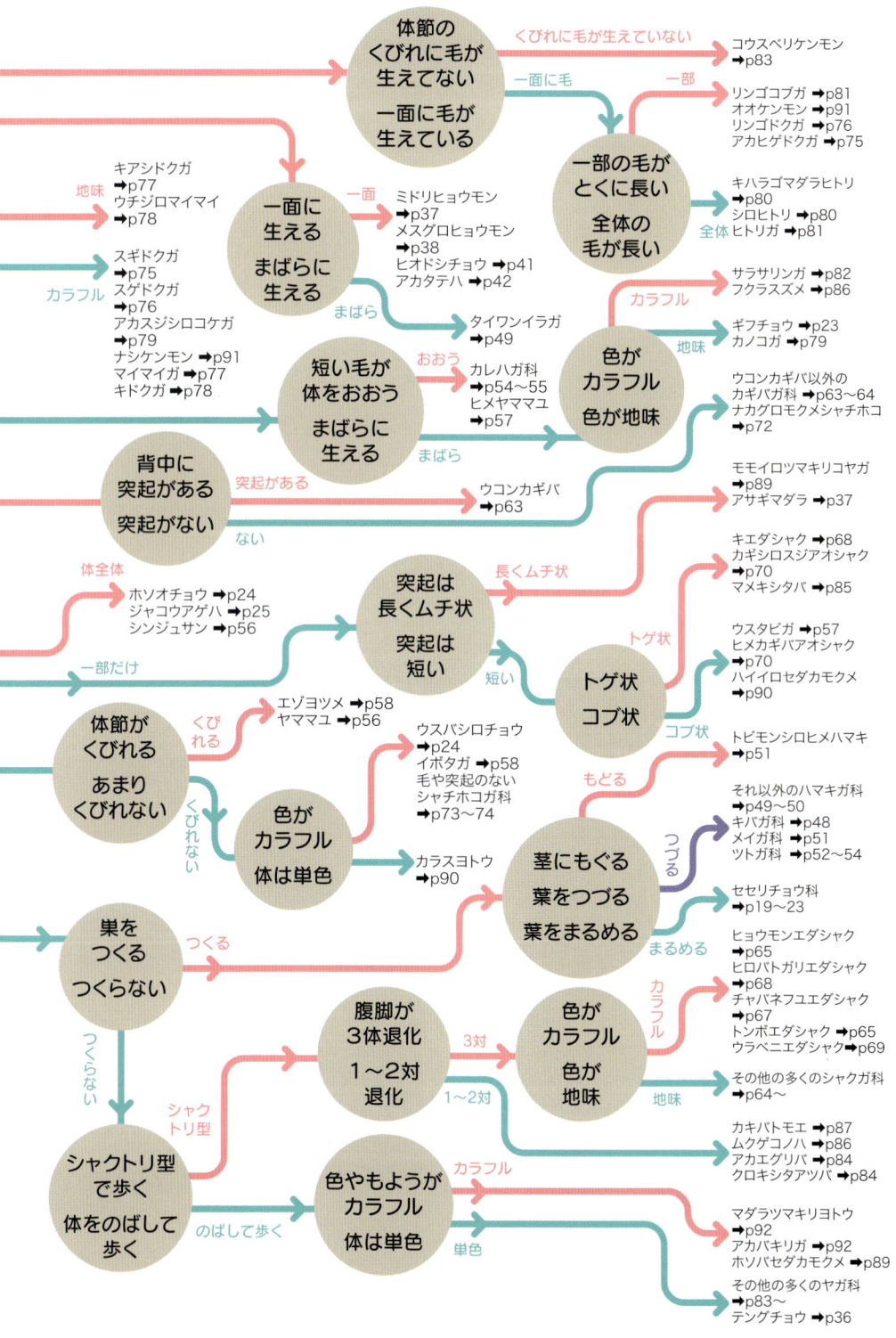

ニホンアカズヒラタハバチ 春 夏 秋 冬

【ヒラタハバチ科】 *Acantholyda nipponica*

体 約25mm　成虫体長／オス12mm・メス15mm
分 北海道〜本州　幼虫期／7〜8月（幼虫〜前蛹越冬）　成虫期／6月（年1化）　食 アカマツ・クロマツ・ストローブマツ・ハイマツ・カラマツ

▶円筒形の体は光沢のある緑色で腹脚が無く、オレンジ色に縁どられた尾端に1対の突起があるイモムシ。短い触角がある丸い頭は黄土色で、その付け根が黒くなるものもいる。枝に糸を吐いて巣をつくり、その中を歩きまわって葉を食べる。夏のうちに地面に降りて土に潜り、部屋を作って幼虫や前蛹のまま翌年の春まで過ごす。緑の豊かな住宅地や公園、森林などに見られ、大発生したこともある。成虫は黒い体に青い光沢があり、オスは足が黄色くメスは頭が赤い。

幼虫
📷hoku

メス成虫
📷hoku

サクラヒラタハバチ 春 夏 秋 冬

【ヒラタハバチ科】 *Neurotoma iridescens*

体 約25mm　成虫体長／9〜14mm　分 北海道〜九州　幼虫期／5〜7月（前蛹越冬）　成虫期／4〜6月（年1化）　食 サクラ・ナナカマド・クロミサンザシ

▶体はつやのあるうすいオレンジ色で、頭とその付け根、腹端が黒いイモムシ。食樹の枝に糸を吐いて巣をつくり、群れになって葉を食べる。大発生して葉を丸坊主にすることが少なくない。ヒラタハバチ科の幼虫は、ほかのハバチ類と違って腹脚がなく尾端に突起がある。土に潜って部屋をつくり、前蛹のまま10ヶ月過ごし、冬を越し翌春に蛹となる。雑木林や山地の林のほか、公園や街路樹、人家の庭でも見られる。成虫は春に現れて、食樹の葉の裏に10〜90個の卵の塊を産みつける。

幼虫
📷hoku

巣
📷hoku

成虫
📷kwkm

ニレチュウレンジ 春 夏 秋 冬

【ミフシハバチ科】 *Arge captiva*

体 最大23㎜　成虫体長／7〜12㎜　分 北海道〜四国　幼虫期／7〜9月（前蛹越冬）成虫期／5〜9月（年2化）　食 アキニレ・ハルニレ・オヒョウ

幼虫
hoku

▶体は乳白色〜黄色で、全身に光沢のある盛り上がった黒い点が散らばるイモムシ。頭や尾端、胸脚は黒く、体側にも黒く丸い紋が並ぶ。腹脚の数はガの幼虫より多い。集団で葉脈を残して葉を食べ荒らし、時には枝を丸坊主にするので害虫として知られる。成長しきると食樹の根元の落ち葉の下や土の中にもぐって繭をつくり、前蛹のまま越冬し春に蛹となる。緑の豊かな住宅地や公園、街路樹、雑木林でも見られる。成虫は黒い体に青い光沢があり、胸が赤いが黒いままのものもいる。

若齢幼虫
hoku

成虫
hoku

ニレクワガタハバチ 春 夏 秋 冬

【ミフシハバチ科】 *Aproceros leucopoda*

体 最大8㎜　成虫体長／6.5㎜　分 北海道〜本州　幼虫期／6〜9月（前蛹越冬）　成虫期／5〜8月（年4化）　食 ノニレ・ハルニレ

幼虫
hoku

▶体は黄緑色で尾端は黒く、腹脚が小さいイモムシ。黄土色で丸い頭の側面には黒い帯がある。驚くと尾端の両側からコブを突き出す。若齢幼虫は食樹の葉の縁にジグザグの食痕を残し、終齢になると葉全体を食べ荒らして、枝を丸坊主にすることもある。夏〜秋は葉の上、冬は浅い土の中に網状の繭をつくり蛹になるが、越冬は前蛹のまま行なう。緑の豊かな住宅地や公園、雑木林から山地の森林にまで広く見られる。成虫は平たくずんぐりした黒い体で足は黄色い。メスだけで繁殖する単為生殖。

若齢食痕
hoku

成虫
hoku

アケビコンボウハバチ 春 夏 秋 冬

【コンボウハバチ科】 *Zeraea akebii*

体 約30mm　成虫体長／11mm　分 本州～九州　幼虫期／4～6月（前蛹越冬）　成虫期／3～4月（年1化）　食 アケビ

幼虫
kwkm

成虫
mats

▶横じわの多い青灰色の背面に、黒い大小の水玉模様が散らばり、白いロウのような粉におおわれたイモムシ。腹面は乳白色で、頭は黒い。ホシアシブトハバチの若齢幼虫に似ているが、アケビを食べるハバチの幼虫は本種しかいないので区別できる。ガの幼虫と違って腹脚が多く、静止する時は葉の裏で体を丸めている。コンボウハバチ科の幼虫は驚くと体側から体液を出す。雑木林のほか、緑の豊かな町の公園や住宅の庭でも見られる。成虫は名前の通り触角の先がこん棒状にふくらむ。体は黒く胸と頭は茶色い毛におおわれ、メスの腹の付け根は黄白色。

ホシアシブトハバチ 春 夏 秋 冬

【コンボウハバチ科】 *Agenocimbex jucund*

体 約50mm　成虫体長／17mm　分 本州～九州　幼虫期／5～6月（蛹越冬）　成虫期／4～5月（年1化）　食 エノキ

幼虫
fuku

▶横じわの多い黄色い全身に、黒く丸い水玉模様が散らばり、白いロウのような粉におおわれたイモムシ。頭は黒い。若齢幼虫は青味の強い灰色だが、厚くロウにおおわれて白く見えるものもいる。ガの幼虫と違って腹脚が多く、静止する時は葉の裏で体を丸めている。雑木林や緑の豊かな公園などで見られる。成虫はハバチとしては大型で、青黒い頭と胸には黄色い毛が密生し、明るいオレンジ色の腹には黒い斑紋が並ぶ。外見はスズメバチの仲間に似ているが人を刺すことはなく、メスはエノキの葉に卵を産みつける。

若齢幼虫
fuku

成虫
fuku

マツノクロホシハバチ 春 夏 秋 冬

【マツハバチ科】 *Diprion nipponicus*

体 最大25mm　成虫体長／オス6mm・メス8mm
分 北海道〜九州　幼虫期／9〜10月（幼虫越冬）　成虫期／7〜8月（年1化）　食 アカマツ・クロマツ・カラマツ・キタゴヨウ・ハイマツ・ストローブマツ・バンクスマツ・ヨーロッパアカマツ

▶体には細かい横じわがあり、光沢のある黄色で背面がやや暗い色をしたイモムシ。驚くと黒い頭をもち上げて液を吐く。集団で葉を食べ荒らし、時には木を丸坊主にし枯らしてしまうので、害虫として知られる。成長しきると食樹を降りて、下草や落ち葉の間に繭をつくり、その中で越冬する。緑の豊かな公園や林で見られる。成虫はずんぐりした平たい体で、黄色く大型のメスに比べ、オスは黒く小型でくしひげのような触角がある。

幼虫 hoku

オス成虫 hoku

メス成虫 hoku

ポプラハバチ 春 夏 秋 冬

【ハバチ科】 *Trichiocampus populi*

体 最大22mm　成虫体長／10mm　分 北海道〜本州　幼虫期／6〜7,8〜10月（幼虫越冬）　成虫期／5〜6,8月（年2化）　食 ポプラ・オオバヤマナラシ・ドロノキ

▶体はオレンジ色を帯びた黄色で光沢があり、全身に散らばったコブからまばらに毛が生えたイモムシ。一見、ガの幼虫のように見えるが腹脚の数は多い。頭は黒く、背面の両側に沿って黒く丸い紋が並ぶものもいる。集団で葉を食べ荒らすが大きな被害は無い。成長しきると土の中に繭をつくり、その中で幼虫のまま越冬する。公園や街路樹、山地の林などで見られる。成虫はずんぐりした黒い体で、翅に暗い帯がある。近縁で頭が黄白色のキバラポプラハバチの幼虫も同じ食樹を食べる。

幼虫 hoku

成虫 hoku

ハグロハバチ 春 夏 秋 冬

【ハバチ科】 *Allantus luctifer*

体20～30mm　成虫体長／9mm　分北海道～琉球　幼虫期／5～9,11～4月（幼虫越冬）成虫期／4～10月（年4～5化）　食イタドリ・ギシギシ・エゾノギシギシ・スイバ・ソバ

幼虫
📷fuku

成虫
📷fuku

▶光沢がなく透明感のある青灰色の体で、腹側は黄色みを帯び、側面に黒く丸い紋が並ぶイモムシ。頭は丸く明るいオレンジ色で光沢があり目は黒い。尾脚はあざやかな黄色で、腹脚はガの幼虫と違い数が多い。静止する時は葉の裏で体を丸めている。しばしば集団発生して食草の葉を穴だらけにする。公園、川の土手、草原のほか、市街地の道ばたや空き地、田畑のまわりでも見られる。成虫は光沢のある黒い体で、翅はうす黒く、メスの腹の側面の模様と腹面は白い。

コブシハバチ 春 夏 秋 冬

【ハバチ科】 *Megabeleses crassitarsis*

体約30mm　成虫体長／12mm　分本州・九州　幼虫期／5～6月（蛹越冬）　成虫期／4～5月（年1化）　食コブシ・オガタマノキ・モクレン

幼虫
📷hoku

成虫
📷itam

▶体には光沢があって細かい横じわが多く、透明感のある黄色で背面が灰色をしたイモムシ。丸い頭と尾端、胸脚は黒い。ガの幼虫と違い腹脚が多く、静止している時は腹を丸めている。若齢は1～2枚の葉に数十頭の群れをつくり、成長するに従って分散する。集団発生して、食樹の葉を丸坊主にすることが少なくない。土に潜って繭をつくり蛹になる。公園や街路樹、人家の庭木などに見られる。成虫は全身が黒く強い光沢があり、他のハバチと同じく人を刺すことはない。

アオバセセリ 春 夏 秋 冬

【セセリチョウ科】　*Choaspes benjaminii*

体48〜50mm　開43〜49mm　分本州〜琉球　幼虫期／6〜8,9〜11月（蛹越冬）　成虫期／5〜6,7〜9月（年2化）　食アワブキ・ミヤマハハソ・ヤマビワ・ナンバンアワブキ・ヤンバルアワブキ

幼虫
skmt

幼虫巣
fuku

▶黒い体の体節ごとにコバルトブルーの斑点と黄色い横じま模様が並び、黒点のある大きなオレンジ色の頭をもつ派手なイモムシ。若齢は葉の先端を、終齢は1枚の葉を縦にして表面を内側に折り曲げた袋状の巣をつくり、付け根をかじってぶら下げる。巣にさわると体をふるわせ音を出す。葉の裏や巣の中で白いロウでおおわれた蛹になる。谷川沿いの林や雑木林のまわりに見られる。成虫はウツギなどの花に集まるほか、獣や鳥のフン、人の汗、湿った地面などから水分を吸う。

成虫
fuku

ミヤマセセリ 春 夏 秋 冬

【セセリチョウ科】　*Erynnis montana*

体22〜24mm　開36〜42mm　分北海道〜九州　幼虫期／5〜3月（幼虫越冬）　成虫期／3〜5月（年1化）　食コナラ・クヌギ・アベマキ・ミズナラ・カシワ

幼虫
ishi

▶うすい黄緑色で、大きな茶色い頭が目立つずんぐりしたイモムシ。葉にV字型に切れ込みを入れ、表面を内側にして先端部を折り返した巣をつくる。巣の一部を食べ、成長するにつれつくり替える。落葉とともに巣ごと地面に落ちて冬を越し、翌春にようやく蛹になる。幼虫期は約10ヶ月と非常に長い。雑木林やその周辺で見られる。成虫は晴れた日だけに活動し、ハルジオン、タンポポなどの花に集まるほか、地面に翅を大きく開いて止まっているのがよく見られる。

幼虫巣
ishi

成虫
fuku

ギンイチモンジセセリ 春 夏 秋 冬

【セセリチョウ科】 *Leptalina unicolor*

体28～30mm 開30～35mm 分北海道～九州 幼虫期／5～7,9～4月（幼虫越冬） 成虫期／4～6,7～8月（年2～3化） 食ススキ・チガヤ・オオアブラススキ・アブラススキ

▶体はうす緑～うす茶色で、背中には白く縁どられたこい色の縦じま模様が目立つイモムシ。セセリチョウ科の幼虫では最も細長い。葉の表面を内側にして筒状に丸めた巣をつくり、まわりの葉を食べる。成長するにつれ巣を何度もつくり替え、その中で冬を越し蛹になる。幼虫をシャーレなどで飼育すると死ぬ場合が多い。高原や草原、川の土手、埋立て地などにも見られる。成虫は低くスキップするように飛んで、ヒメジョオンなどの花に集まる。

幼虫
kasa

巣
kasa

成虫
ishi

ホソバセセリ 春 夏 秋 冬

【セセリチョウ科】 *Isoteinon lamprospilus*

体28～33mm 開32～37mm 分本州～九州 幼虫期／7～6月（幼虫越冬） 成虫期／6～8月（年1化） 食ススキ・カリヤス・カリヤスモドキ・オオアブラススキ・チガヤ

▶体はうす緑色で、こげ茶色の頭にベージュのハの字模様があるイモムシ。キマダラセセリに似るが、尾の肛上板は黒くならない。葉の表面を内側にして筒状に丸めた細長い巣をつくり、まわりの葉を食べる。何枚も葉をつづることはない。幼虫期は約10～11ヶ月と非常に長く、巣の中で蛹になる。雑木林やそのまわりで見られ、畑や住宅地にはいない。成虫はオカトラノオ、ヒメジョオンなどの花に集まり、オスは湿った地面で水を吸う。暖かい地方を好み、分布の北限は山形県南部。

幼虫と巣
arit

頭
arit

成虫
ishi

コチャバネセセリ 春夏秋冬

【セセリチョウ科】 *Thoressa varia*

体 25～28mm **開** 30～36mm **分** 北海道～九州　幼虫期／6～8,9～4月（幼虫越冬）成虫期／5～6,7～9月（年2～3化）**食** チマキザサ・クマザサ・ミヤコザサ・トクガワザサ・シナノザサ・ミヤマクマザサ・ニッコウザサ・メダケ・アズマネザサ・ヤダケ・ゴキダケ・オカメザサ・ナリヒラダケなど

▶体はうすい緑褐色で黒い頭をもつ、ややずんぐりしたイモムシ。頭の付け根に首輪のような黒い横しまがある。葉の先端を丸めて作った巣は、細く食べ残した主脈でぶら下がるためによく目立つ。幼虫は巣を切り落とし地面で冬を越す。公園や竹林、雑木林のほか、山地の林にも見られる。成虫はウツギ、オカトラノオなどの花に集まり、鳥や獣のフン、人の汗、湿った地面などから水分を吸う。

幼虫　fuku

巣　fuku

成虫　fuku

クロセセリ 春夏秋冬

【セセリチョウ科】 *Notocrypta curvifascia*

体 約43mm **開** 38～54mm **分** 本州～琉球　幼虫期／6,8,9～11月（蛹越冬）　成虫期／4～6,7～8,8～10月（年3化）**食** ミョウガ・ハナミョウガ・アオノクマタケラン・ジンジャー・ゲットウ

▶体は透明感のある黄緑白色で、頭がこげ茶色の、ややずんぐりしたイモムシ。他のセセリチョウと比べて頭の比率が小さく、うす茶色の紋が2つある。若齢のうちは葉の縁を折り曲げて筒状に丸めた巣をつくり、終齢になると1枚の葉を折り曲げて筒にし、付け根をかじってぶら下げる。巣の中で蛹になる。常緑樹や竹林の縁など、木もれ日が射すような日陰に見られる。成虫は非常に長い口吻をもち、クサギなどの花に集まるほか、鳥や獣のフンから汁を吸う。分布の東限は滋賀県。

幼虫　fuku

巣　fuku

成虫　fuku

ヒメキマダラセセリ 春 夏 秋 冬

【セセリチョウ科】　*Ochlodes ochraceus*

体 25〜28mm　開 26〜30mm　分 本州〜九州　幼虫期／6〜8,9〜4月（幼虫越冬）成虫期／5〜6,8〜9月（年2化）　食 チヂミザサ・アシボソ・ヤマカモジグサ・ススキ・オオアブラススキ・メヒシバ・ヒメガリヤス・ミヤマシラスゲ・ナルコスゲ・カサスゲ・テキリスゲなど

幼虫
ueym

巣
ueym

▶体はうすい暗緑色で、背中の中央に細くこい線が走り、側面は白っぽいイモムシ。頭はうす茶色で歌舞伎の「くまどり」のようなこげ茶色の模様がある。葉の表面を内側にして筒状に丸めた巣を作り、成長すると数枚の葉をつづり合わせる。巣の中で蛹になる。雑木林のまわりや谷川沿いの草原のほか、山地の高原でも見られる。成虫はウツボグサなどの花に集まり、湿った地面で水を吸う。

成虫
ishi

チャバネセセリ 春 夏 秋 冬

【セセリチョウ科】　*Pelopidas mathias*

体 30〜35mm　開 34〜37mm　分 本州〜琉球　幼虫期／6〜7,8〜9,10〜4月（幼虫越冬）　成虫期／5〜6,7〜8,9〜10月（年3化）　食 コヌカグサ・カゼクサ・イネ・シバ・ヨシ・トダシバ・エノコログサ・ジュズダマ・チガヤ・メヒシバ・アキメヒシバ・アブラススキ・ハチジョウススキ・チカラシバ・オオアブラススキ

幼虫
ueym

頭部
ueym

▶全身はうすい青緑色で、丸みのある三角形の頭を縁どる茶色のすじが目立つイモムシ。中齢まで、葉を丸めて筒状の巣をつくる。東海地方より北では冬を越せずに死に絶え、夏に南から飛んできた成虫が世代をくり返す。川の土手、草原、畑、空き地などで見られる。成虫は夏から秋に数が増え、アベリアなどの花に集まる。九州以南では年4化以上発生。

成虫
fuku

ミヤマチャバネセセリ 春 夏 秋 冬

【セセリチョウ科】 *Pelopidas jansonis*

体30〜33mm　開35〜40mm　分本州〜九州　幼虫期／6〜7,8〜10月（蛹越冬）　成虫期／4〜6,7〜9月（年2化）　食ススキ・ヒメノガリヤス・ヨシ・トダシバ・チガヤ・アブラススキ

▶体は緑がかった乳白色で、背中の中央に細くややこい線が走るイモムシ。黒い顔にはうす茶色のまゆ毛のように見えるM字型の模様があるが、太さはさまざま。葉の表面を内側にして丸めた筒状の巣をつくり、若齢以降では数枚の葉をつづり合わせることが多い。十分に成長すると巣を離れ、葉の上などで蛹になる。川の土手や草地のほか、高原や湿地でも見られる。成虫はヒメジョオンやアザミの花に集まり、鳥や獣のフン、小動物の死体、湿った地面などから水分を吸う。

幼虫 sski

頭 sski

成虫 ishi

ギフチョウ 春 夏 秋 冬

【アゲハチョウ科】 *Luehdorfia japonica*

体約35mm　開50〜60mm　分本州　幼虫期／4〜6月（蛹越冬）　成虫期／3〜5月（年1化）　食コシノカンアオイ・クロヒメカンアオイ・ミヤマアオイ・ヒメカンアオイ・タマノカンアオイ・ランヨウアオイ・カントウカンアオイ・カギガタアオイ・スズカカンアオイ・ナタデラカンアオイ・アツミカンアオイ・ミヤコアオイ・サンヨウアオイ・タイリンアオイ・ウスバサイシン・フタバアオイ

▶まっ黒い体に短い毛の生えたケムシ。驚すと頭の付け根からオレンジ色の臭角を出す。若齢は葉の裏で群れになる。明るい雑木林や植えて間もない植林地のほか、山地のブナ林でも見られる。成虫は晴れた風のない日に飛び、スミレやカタクリなどの花に集まる。秋田県と神奈川県を結ぶ線の西側に分布。

幼虫 ueym

卵 ueym

成虫 ishi

ホソオチョウ 春 夏 秋 冬

【アゲハチョウ科】 *Sericinus montela*

体 約25mm　開 18〜22mm　分 本州・九州（移入種）　幼虫期／5〜9月（蛹越冬）　成虫期／5〜10月（年3〜4化）　食 ウマノスズクサ

▶黒い体に灰色のまだら模様があり、ややくびれた体節ごとに付け根が黄色い突起が4本ずつあるイモムシ。頭の付け根の突起は特に長い。全身に細かい毛が生えている。若齢は葉の裏で群れになり、時には大発生して食草を丸坊主にする。食草やまわりの葉や茎で蛹になる。川の土手や空き地などの明るい草むらに見られる。成虫は晴れた日に、長い尾をなびかせて低くゆっくりと飛び、ハルジオンなどの花に集まる。オスよりメスが、春型より夏型が黒っぽい。韓国原産の移入種で、人間によって持ち込まれ放されたらしい。

幼虫　hara

若齢幼虫　hara

オス成虫　ishi

メス成虫　ishi

ウスバシロチョウ 春 夏 秋 冬

【アゲハチョウ科】 *Parnassius citrinarius*

体 約40mm　開 50〜60mm　分 北海道〜四国　幼虫期／2〜4月（卵越冬）　成虫期／4〜5月（年1化）　食 ムラサキケマン・エゾエンゴサク・ジロボウエンゴサク・ヤマエンゴサク

▶体は黒灰色で、背中の両側に沿って節ごとにオレンジの点がある黄白色の線が走るイモムシ。全身に細かい毛が生え、驚かすとオレンジ色の臭角を出す。エサを食べるとき以外は、枯れ葉の下に潜んだり、その上で日光浴をしている。一年のほとんどを卵のまま過ごす。チョウとしては珍しく、地上でうすいマユをつくって中で蛹になる。雑木林のまわりの草原や畑、果樹園などでよく見られる。成虫は晴れた日に低くゆるやかに飛んで、ムラサキケマンやハルジオンなどの花に集まる。

幼虫　saku

成虫　ishi

ジャコウアゲハ 春 夏 秋 冬

【アゲハチョウ科】 *Atrophaneura alcinous*

体 約40mm　開 75〜100mm　分 本州〜琉球
幼虫期／5〜6,7〜8,9〜10月（蛹越冬）
成虫期／4〜5,6〜7,8〜9月（年3〜4化）
食 ウマノスズクサ・オオバウマノスズクサ・ホソバウマノスズクサ・リュウキュウウマノスズクサ・コウシュンウマノスズクサ

▶こげ茶色の体にうすいまだら模様があり、先端が赤い長い突起におおわれた、特異な姿のイモムシ。体の中央を横切る帯と、後から3番目の突起は白い。驚かすとオレンジ色の臭角を出す。しばしば少ない食草に多くの幼虫がつき食いつくす。幼虫同士の共食いも多い。蛹は「お菊虫」と呼ばれ、怪談にも登場。川の土手や林のへりの草原、墓地などで見られる。成虫はゆるやかに飛び、ツツジやクサギなどの花に集まる。琉球では周年発生。

幼虫 fuku

若齢幼虫 fuku

オス成虫 fuku

オナガアゲハ 春 夏 秋 冬

【アゲハチョウ科】 *Papilio macilentus*

体 約45mm　開 85〜100mm　分 北海道〜九州　幼虫期／5〜6,8〜10月（蛹越冬）　成虫期／4〜6,7〜9月（年2化）　食 コクサギ・カラタチ・サンショウ・イヌザンショウ・カラスザンショウ

▶大きくふくらんだ胸に目玉模様のあるユズボウと呼ばれるイモムシ。うすい黄緑色の体で、側面にある黒紫色の斜めの帯は、背中でつながらない。腹脚の付け根は白。驚かすとうすいオレンジ色の臭角をのばす。若齢は鳥のフンに似る。蛹はほかのアゲハより細長い。谷川沿いの林でよく見られる。成虫は木陰を好んでゆるやかに飛び、ツツジやクサギなどの花に集まるほか、オスは湿った地面で群れになって水を吸うことも多い。夏に現れるものは大型。北海道東北部にはいない。

幼虫 ueym

若齢幼虫 ueym

成虫 ueym

アオスジアゲハ 春 夏 秋 冬

【アゲハチョウ科】 *Graphium sarpedon*

体 40〜45mm　開 55〜65mm　分 本州〜琉球　幼虫期／5〜6,7〜8,9〜10月（蛹越冬）　成虫期／5,6〜7,8〜9月（年3化）　食 クスノキ・タブノキ・ニッケイ・ヤブニッケイ・マルバニッケイ・イヌガシ

▶体はこい黄緑色で、小さな眼状紋を横につなぐ黄色い帯以外に、目立った模様のないユズボウ。尾には1対の小さな突起がある。驚かすと黄色の臭角をのばす。若齢はこげ茶色だが成長するにつれ黄緑色になる。葉の裏などで、とがったツノのある蛹になる。公園や街路樹、神社のほか、常緑樹の多い森でも見られる。成虫は木の梢などをすばやく飛んで、トベラやヤブカラシといった花に集まり、オスは湿った地面で水を吸う。寒冷地では年2化だが、南に行くにつれ発生回数が増える。

幼虫　📷fuku

若齢幼虫　📷fuku

成虫　📷fuku

ミカドアゲハ 春 夏 秋 冬

【アゲハチョウ科】 *Graphium doson*

体 約45mm　開 55〜70mm　分 本州〜琉球　幼虫期／5〜10月（蛹越冬）　成虫期／4〜6,6〜10月（年2化）　食 オガタマノキ・タイサンボク・ヒメタイサンボク

▶体は緑色で、眼状紋が黄色く縁どられる以外に、目立つ模様のないユズボウ。驚かすとうすいオレンジ色の臭角をのばす。尾には小さな突起があるが、アオスジアゲハと違いハの字に開く。若齢は赤茶色。葉の裏などでとがったツノが一本ある蛹になる。公園、神社、墓地などのほか、緑の多い住宅地や常緑樹の多い森でも見られる。成虫は木の梢などをすばやく飛んで、トベラやネズミモチといった花に集まり、オスは湿った地面で水を吸う。分布の北限は愛知県。暖地では発生回数が増えるが、夏以降に現れる数は少ない。

幼虫　📷fuku

若齢幼虫　📷ishi

成虫　📷ishi

ツマグロキチョウ 春 夏 秋 冬

【シロチョウ科】 *Eurema laeta*

体25〜27㎜ 開35〜40㎜ 分本州〜九州 幼虫期／5,6〜7,7〜8,8〜9月（成虫越冬） 成虫期／6,7,8〜9,9〜4月（年3〜4化） 食カワラケツメイ

幼虫
ishi

▶体は黄色みの強い緑色で、体側に沿って気門の上によく目立つ黄色い線が走るアオムシ。よく似たキタキチョウは、この線が白く細いうえ、体の青みが強いので見分けるのは難しくない。幼虫は食草の葉の茎をかじってしおれさせ、フンをする時は遠くへ飛ばす。石がゴロゴロした河原や土手、乾いた草原、畑のまわりなどでよく見られる。成虫はハギやセンダングサといった花に集まり、オスは湿った地面でよく水を吸う。冬を越す秋型は翅が角ばる。分布の北限は東北南部。最近では数が減っている。

成虫
ishi

ヤマトスジグロシロチョウ 春 夏 秋 冬

【シロチョウ科】 *Pieris nesis*

体約24㎜ 開40〜50㎜ 分北海道〜九州 幼虫期／5〜11月（蛹越冬） 成虫期／4〜10月（年4〜5化） 食ヤマハタザオ・イワハタザオ・ハマハタザオ・ミヤマハタザオ・ハクサンハタザオ・スズシロソウ・オオバタネツケバナ・タネツケバナ・ヤマガラシ・イヌガラシ

幼虫
fuku

▶体は青緑色で全身に細かい黒い毛が生えたアオムシ。スジグロシロチョウ（庭P21）に似ているが、やや太めで青みが強く、気門のまわりの黄色い斑点が目立たないことで区別できる。市街地には少なく、谷川沿いや林のまわりなどの日陰を好む。成虫はタンポポなどに集まり、湿った地面で水を吸う。以前はエゾスジグロシロチョウと呼ばれていたが別種とされた。北海道では南部にのみ分布。

成虫
fuku

ゴイシシジミ 春夏秋冬
【シジミチョウ科】 *Taraka hamada*

体9〜11mm 開20〜25mm 分北海道〜九州 幼虫期／11〜4, 5〜10月（幼虫越冬）成虫期／5〜10月（年4化） 食タケツノアブラムシ・タケオオツノアブラムシ・カンシャワタアブラムシ

幼虫
fuku

▶細かい毛が密生した白く平たい体のまわりに長い毛を生やした、特異なワラジ型イモムシ。背中には黒斑が並ぶ。日本のチョウでただ一種、植物を全く食べない純肉食性で、ササやタケ、ススキの葉から汁を吸うアブラムシを食べる。体にアブラムシが出す白い粉状のロウをつける。ササの生えたうす暗い雑木林のほか、公園や神社の林でも見られるが、アブラムシのいる場所に限られる。成虫は低く弱々しく飛んでササの葉に止まり、アブラムシが出した汁を吸う。夕方によく活動する。

成虫
fuku

ムラサキツバメ 春夏秋冬
【シジミチョウ科】 *Arhopala bazalus*

体19〜22mm 開35〜40mm 分本州〜琉球 幼虫期／4〜10月（成虫越冬） 成虫期／5〜8,9〜4月（年2〜4化） 食マテバシイ・シリブカガシ

▶体は透明感のある黄緑色で、目立つ模様のないワラジ型イモムシ。終齢末期には紅色を帯びる。蜜を出すのでアリがよくつきまとう。若齢を過ぎると葉の表面を外側にして丸め、筒状の巣をつくる。地上の落ち葉をつづった中で蛹になり、さわるとチッチッと音を出す。公園や街路樹、神社、常緑樹の林などで見られる。成虫のメスには翅に紫色の斑紋がある。越冬前にはサザンカなどの花に集まる。湿った地面で水を吸うことも多い。常緑樹の葉の裏などに群れて冬を越す。分布を北に拡げており、2010年の段階で北限は関東北部。

幼虫
fuku

巣
fuku

メス成虫
fuku

ムラサキシジミ 春 夏 秋 冬

【シジミチョウ科】　*Arhopala japonica*

体 17〜18mm　**開** 32〜37mm　**分** 本州〜琉球　幼虫期／5〜9月（成虫越冬）　成虫期／6〜7,8〜4月（年2〜4化）　**食** アラカシ・ウバメガシ・イチイガシ・ウラジロガシ・アカガシ・オキナワウラジロガシ・コナラ・クヌギ

▶外見も習性もムラサキツバメ（P 28）によく似ており、見分けるのが難しいワラジ型イモムシ。しかし食樹がまったく違うので、野外で間違えることはほとんどない。公園や街路樹、神社、市街地の垣根、雑木林、常緑樹の林でも見られる。成虫のオスメスの差は小さい。秋に数が多くなるなど、成虫の習性もムラサキツバメとよく似ており、一緒に越冬していることもある。越冬できる北限の東北南部では年2化だが、暖地では年4化。

幼虫　📷 saku

巣　📷 fuku

成虫　📷 ishi

ウラゴマダラシジミ 春 夏 秋 冬

【シジミチョウ科】　*Artopoetes pryeri*

体 約18mm　**開** 40〜45mm　**分** 北海道〜九州　幼虫期／2〜5月（卵越冬）　成虫期／5〜6月（年1化）　**食** イボタノキ・ミヤマイボタ・オオバイボタ・サイゴクイボタ・ヤナギイボタ・セイヨウイボタ・ネズミモチ・ハシドイ・ライラック

▶うす緑色の体で前半分がふくらみ、もりあがった背中の胸の部分に茶色い紋があるワラジ型イモムシ。卵からかえる時期が非常に早く、食草の芽にとまっていると見つけにくいが、成長すると半月型の食べあとを残す。アリがつきまとっていることが多い。葉の上でダルマのような蛹になり、さわると音を出す。湿った日陰を好み、雑木林のへりや谷川沿いで見られる。成虫は主に夕方活動し、低い木の上を飛んでイボタノキやクリの花に集まる。

幼虫　📷 ishi

成虫　📷 ueym

ミズイロオナガシジミ 春 夏 秋 冬

【シジミチョウ科】 *Antigius attilia*

体約16mm　開30〜35mm　分北海道〜九州
幼虫期／4〜5月（卵越冬）　成虫期／6〜7月（年1化）　食コナラ・クヌギ・アベマキ・ミズナラ・カシワ・ナラガシワ・ウラジロガシ・アラカシ・アカガシ

▶やや細長いうす緑色の体で、背中がもりあがったワラジ型イモムシ。背中には毛の生えたうす黄色の突起の列があり、体と体節のへりも同じ色で目立つ。アリがつきまとっていることが多い。終齢末期には紫色を帯び、木の幹や落ち葉の裏で蛹になる。雑木林や山地の林のほか、住宅地に残ったクヌギやコナラの林にも見られる。成虫は朝早くと夕方に活動し、木の梢をすばしこく飛びまわる。昼間はほとんど飛ばずに、葉の上や下草で休んでいる。花に来ることは少ない。

幼虫
📷 fuku

成虫
📷 saku

アカシジミ 春 夏 秋 冬

【シジミチョウ科】 *Japonica lutea*

体約17mm　開35〜42mm　分北海道〜九州
幼虫期／4〜5月（卵越冬）　成虫期／5〜7月（年1化）　食コナラ・クヌギ・アベマキ・ミズナラ・ナラガシワ・カシワ・アラカシ・アカガシ・ウラジロガシ・シラカシ

▶体はうす黄緑色で目立つ模様はなく、なかほどがややふくらんだワラジ型イモムシ。全身に細かい毛が生えている。食樹の花もよく食べる。終齢になると幹をはい回ることも多いが、蛹になる場所は葉の裏。雑木林をはじめ、平地から山地までの広葉樹林に広くすむ。成虫は朝早くと夕方のうす暗い時間に活動し、木の梢の上を飛びまわる。時には群れになることも少なくない。クリなどの花にも集まる。昼間は葉の上や下草で休んでいる。

幼虫
📷 ueym

幼虫
📷 ueym

成虫
📷 ishi

ウラナミアカシジミ 春 夏 秋 冬

【シジミチョウ科】 *Japonica saepestriata*

体約19mm　開40〜45mm　分北海道〜四国
幼虫期／4〜5月（卵越冬）　成虫期／6〜7月（年1化）　食クヌギ・アベマキ・コナラ

幼虫
📷kasa

▶体はうす黄緑色で、背中の中央に茶色く縁どられた4つの突起が並ぶワラジ型イモムシ。体を縁どるように毛が生えている。若齢幼虫は、食樹の若葉を数枚つづり合わせて巣をつくる。終齢になると木の幹や地上をはい回ることも多いが、蛹になるのは葉の裏。アカシジミと比べ食樹や環境の好き嫌いが強く、よく手入れされた若い木の多い雑木林を好み、大きな木ばかりの林には少ない。成虫が活動する時間や場所はアカシジミと似ており、2種が一緒にいることも多い。クリの花に好んで集まり、樹液に来ることもある。

成虫
📷ishi

ミドリシジミ 春 夏 秋 冬

【シジミチョウ科】 *Neozephyrus japonicus*

体約19mm　開30〜40mm　分北海道〜九州
幼虫期／4〜6月（卵越冬）　成虫期／6〜8月（年1化）　食ハンノキ・ヤマハンノキ・ミヤマハンノキ

幼虫
📷skmt

▶うすい緑色の体で、細長いワラジ型イモムシ。背中の中央を走るすじや、体節ごとに二重に並んだハの字模様はこい緑色。頭は黒い。若齢から終齢まで、葉の表面を内側にして縦に2つに折り曲げた巣をつくり、夜や曇った日に出てきて葉を食べる。根元の落ち葉の下で蛹になる。食樹の生えた湿地や雑木林に見られる。成虫は夕方に活動し、クリの花に集まったり、食樹の梢を飛びまわる。翅が緑色に輝くオスに対し、メスはこげ茶色だけのO型、前翅の模様がオレンジのA型、青いB型、オレンジと青のAB型がある。

オス成虫
📷ueym

オオミドリシジミ 春 夏 秋 冬

【シジミチョウ科】 *Favonius orientalis*

体 約19mm　開 35～40mm　分 北海道～九州　幼虫期／4～5月（卵越冬）　成虫期／6～7月（年1化）　食 コナラ・ミズナラ・カシワ・ナラガシワ・クヌギ・アベマキ・アラカシ・アカガシ・ウラジロガシなど

▶幼虫は緑がかった灰色で、尾が平たく両側にはり出したワラジ型イモムシ。背中を走る白く縁どられたこい色のすじと、体節ごとに並ぶ白いハの字模様が目立つ。日陰の細い下枝を好み、若齢を過ぎると若葉の付け根をかじってしおれさせ、そこに潜む。根元の落ち葉の裏などで蛹になる。雑木林や山地の林まで広くすむ。成虫は午前中に活動し、クリの花などに集まるほか、オスは梢の枝先になわばりをもち、近づくほかのオスを追い払う。翅が青く輝くオスに対し、メスはこげ茶色。

幼虫　skmt

巣　saku

オス成虫　wata

トラフシジミ 春 夏 秋 冬

【シジミチョウ科】 *Rapala arata*

体 16～17mm　開 32～36mm　分 北海道～九州　幼虫期／4～6,7～9月（蛹越冬）　成虫期／4～5,6～8月（年2化）　食 フジ・クズ・ウツギ・クララ・マルバウツギ・リンゴ・クロウメモドキ・クロツバラ・ミズキなど

▶クリーム色、こい緑色、紅色などさまざまな色のものがいるワラジ型イモムシ。おもに花やつぼみ、若い実を食べ、色の違いはその種類による。体節のへりや背中に並ぶハの字模様は、色がうすく角張っている。アリがつきまとっていることが多い。雑木林のほか、緑の多い町の公園や人家の垣根などでも見られる。成虫はハルジオンやクリの花に集まり、オスは湿った地面で水を吸う。春型の方が数が多く、年1化の地域もある。

幼虫　fuku

緑型幼虫　fuku

成虫　ishi

郵 便 は が き

料金受取人払郵便

神田支店承認

4087

差出有効期間
平成25年8月
20日まで

101-8791

511

東京都千代田区
神田神保町1丁目17番地
東京堂出版 行

|||||||||||||||||||||||||||||||||||||||||||||

※本書以外の小社の出版物を購入申込みする場合にご使用下さい。

購入申込書

〔書 名〕	部数	部
〔書 名〕	部数	部

送本は、○印を付けた方法にして下さい。

イ.下記書店へ送本して下さい。　　ロ.直接送本して下さい。
（直接書店にお渡し下さい）

― 書店・取次帖合印 ―

代金（書籍代＋手数料、冊数に関係なく1500円以上200円）は、お届けの際に現品と引換えにお支払い下さい。

＊お急ぎのご注文には電話、FAXもご利用下さい。
電話 03-3233-3741（代）
FAX 03-3233-3746

書店様へ＝貴店帖合印を捺印の上ご投函下さい。

愛読者カード

本書の書名をご記入下さい。

(　　　　　　　　　　　　　　　　　)

フリガナ ご芳名		年齢 　　　　歳	男 女

ご住所　　　（郵便番号　　　　　　　　　）

電話番号　　　　　（　　　　）
電子メール　　　　　　　　＠

ご職業	本書の発行を何でお知りになりましたか。 A 書店店頭　　B 新聞・雑誌の広告　　C 弊社ご案内 D 書評や紹介記事　　E 知人・先生の紹介　　F その他

本書のほかに弊社の出版物をお持ちでしたら、その書名をお書き下さい。

本書についてのご感想・ご希望

今後どのような図書の刊行をお望みですか。

ご協力ありがとうございました。ご記入いただきました愛読者情報は、弊社の新刊のご案内、及びご注文いただきました書籍の発送のためにのみ利用し、その目的以外での利用はいたしません。

コツバメ 春 夏 秋 冬

【シジミチョウ科】 *Callophrys ferrea*

体15〜16㎜　開25〜29㎜　分北海道〜九州　幼虫期／4〜6月（蛹越冬）　成虫期／3〜5月（年1化）　食アセビ・ナツハゼ・スノキ・ドウダンツツジ・ネジキ・ヤマツツジなどのツツジ類・シロバナシャクナゲ・ガマズミ・ウワミズザクラ・リンゴ・コデマリ・ホザキシモツケ・トリアシショウマ・アカショウマなど

▶うす緑色の体だが、こい色や赤みを帯びたものもいるワラジ型イモムシ。おもに花やつぼみ、若い実を食べ、色の違いはその種類による。体は細長く体節は強くくびれる。蛹の時期が非常に長い。雑木林やまわりの草地で見られ、住宅地にはいない。成虫は晴れた暖かい日に活動し、オスは枝先になわばりをつくって、近づくほかのオスを追い払う。

幼虫 ueym
幼虫 ueym 
成虫 fuku 

シルビアシジミ 春 夏 秋 冬

【シジミチョウ科】 *Zizina emelina*

体10〜11㎜　開20〜29㎜　分本州〜九州　幼虫期／周年（幼虫越冬）　成虫期／4〜11月（年5〜6化）　食ミヤコグサ・ヤハズソウ・コマツナギ・ウマゴヤシ・コメツブウマゴヤシ

▶うす緑色の体で、背中の中央にこい色のすじが走るワラジ型イモムシ。ヤマトシジミに似ているが食草がまったく違う。食草の根元にいることが多く、葉にとまっているものをさわると下に落ちる。アリがよくつきまとう。河原、池や川の土手、乾いた草原、墓地などのシバの草地で見られる。成虫はすばやく低く飛び、食草やシロツメクサなどの花に集まる。ヤマトシジミとの違いは、翅の裏の黒点の位置だけ。南の地方では発生回数が増える。北限は栃木県。全国的に数が減っている。

幼虫 ueym
食痕 ueym 
オス成虫 fuku 

033

クロツバメシジミ 春 夏 秋 冬

【シジミチョウ科】 *Tongeia fischeri*

体 約12mm 開 約22mm 分 本州〜九州 幼虫期／周年（幼虫越冬） 成虫期／4〜11月（年3〜5化） 食 ツメレンゲ・タイトゴメ・イワレンゲ・アオノイワレンゲ・チチッパベンケイ・タカネマンネングサ・メノマンネングサ・ナガサキマンネングサなど

▶体は緑色で、背中と体側のほか、全身が紅色を帯びるものもいるワラジ型イモムシ。食草は葉が厚いので、若齢幼虫は中にもぐり込み、終齢も頭を葉の中につっこむようにして食べる。アリがよくつきまとっている。食草の葉の裏や石のかげなどで蛹になる。がけ、河原、土手、海辺、石垣、人家の屋根など、乾いた岩場で見られる。成虫は食草からあまり離れず、食草やヒメジョオンなどの花に集まる。関東より西の地方にすむ。

幼虫 fuku
緑型幼虫 fuku
成虫 ishi

スギタニルリシジミ 春 夏 秋 冬

【シジミチョウ科】 *Celastrina sugitanii*

体 12〜13mm 開 22〜34mm 分 北海道〜九州 幼虫期／4〜6月（蛹越冬） 成虫期／3〜5月（年1化） 食 トチノキ・キハダ・ミズキ

▶うすい黄色、緑色、ピンクを帯びるもの、赤茶の斑紋をもつなど、体の色がさまざまなワラジ型イモムシ。おもに花やつぼみ、若い実を食べ、色の違いはその種類による。ルリシジミとよく似ており、同じ場所で見つかることも多い。つぼみや若い実には頭をつっこんで食べる。アリがよくつきまとっている。木の幹や地面の石の下などで蛹になる。谷川沿いの雑木林や山地の林で見られる。成虫はモミジイチゴなどの花に来るほか、オスが湿った地面で集団になって水を吸うことも多く、鳥のフンや小動物の死体にも集まる。

幼虫 ishi
オス成虫 ishi

ヤクシマルリシジミ 春 夏 秋 冬

【シジミチョウ科】　*Acytolepis puspa*

体 約12mm　開 20〜32mm　分 本州〜琉球
幼虫期／周年（越冬態不定）　成虫期／周年（年4化程度）　食 ノイバラ・テリハノイバラ・セイヨウバラ・バクチノキ・カンコノキ・マルヤマカンコ・ヤマモモなど

▶体は緑色で、背中の中央にこい色のすじが走るが、赤みを帯びるものもいる。葉のほかにつぼみも食べ、色の違いはその種類による。つぼみには頭をつっこんで食べる。アリがよくつきまとう。根元の枯れ葉の下などで蛹になる。公園、人家の垣根、海岸近くの茂み、山地の林などで見られる。成虫は秋に数が増え、花にはあまり来ない。オスは梢の枝先になわばりをつくって、近づくほかのオスを追い払う。分布を東に広げており、2009年の段階では、静岡県より西の暖地で見られる。

幼虫　ueda
成虫　fuku

ミヤマシジミ 春 夏 秋 冬

【シジミチョウ科】　*Plebejus argyrognomon*

体 約13mm　開 27〜30mm　分 本州　幼虫期／4〜10月（卵越冬）　成虫期／5〜11月（年3〜5化）　食 コマツナギ

▶体は緑色で、背中の中央にこい色のすじが走り、体の縁が黄白色に縁どられるワラジ型イモムシ。食草の葉だけでなく、花も好んで食べる。若齢は色がうすい。蜜を出すのでアリがよくつきまとい、時には10頭近くも集まる。食草の葉2〜3枚をつづり合わせた上で蛹になる。石がゴロゴロした河原や土手、乾いた草原などに見られる。成虫は食草からあまり離れずに活発に飛び、食草やメドハギなどの花に集まる。オスは湿った地面で水を吸う。翅が青紫色のオスに対して、メスはこげ茶色を帯びる。本州中部だけに分布し、西限は岐阜県、北限は東北地方南部。

幼虫　ueym
アリと幼虫　ueym
オス成虫　ishi

035

クロマダラソテツシジミ 春 夏 秋 冬

【シジミチョウ科】 *Chilades pandava*

🔲約15mm 🔲約30mm 🔲本州〜琉球 幼虫期／周年（越冬態不定） 成虫期／6〜11月（年5化以上） 🔲ソテツ

▶体の色は、緑色、黄色、ピンク色、小豆色と、さまざまなものがいるワラジ型イモムシ。背中の中央にはこい色のすじが走る。ソテツの新芽だけを食べ、一株に多くの幼虫がついて、葉をボロボロにしてしまうことも少なくない。成虫も、公園や寺などに植えられたソテツのまわりで見られる。メスは翅の表の青い部分が狭い。九州以北では越冬できないらしく、毎年、南から飛んできた成虫が卵を生んで発生をくり返すと考えられる。もともと東南アジアにすんでいたが、2001年に与那国島で発生して以来、島伝いに急速に北上し、2009年の段階で北限は関東南部。

幼虫 📷fuku

紅型幼虫と蛹 📷saku

オス成虫 📷fuku

テングチョウ 春 夏 秋 冬

【タテハチョウ科】 *Libythea lepita*

🔲約25mm 🔲40〜50mm 🔲本州〜琉球 幼虫期／4〜5,6〜8月（成虫越冬） 成虫期／6〜4月（年1〜2化） 🔲エノキ・エゾエノキ・クワノハエノキ

▶体の色が、全身緑色で体側に黄色い縦すじが走るもの、体の下半分が茶色いもの、全身こげ茶色のものと、さまざまな違いのあるイモムシ。一ヶ所に多くの幼虫がいると色がこくなることが多い。体の前半分を持ち上げて葉にとまり、驚かせると糸を吐いてぶら下がる。葉の裏で蛹になることが多い。雑木林、山地の林、緑が豊かな町の公園や人家の庭でも見られる。成虫はヒメジョオンなどの花に来るほか、湿った地面で水を吸い、鳥や獣のフン、小動物の死体にも集まる。東北地方北部では少なく、北海道では絶滅。

幼虫 📷fuku

成虫 📷ishi

アサギマダラ 春 夏 秋 冬

【タテハチョウ科】 *Parantica sita*

体 37〜41㎜　開 約100㎜　分 北海道〜琉球　幼虫期／周年（幼虫越冬）　成虫期／5〜10月（年2〜3化）　食 キジョラン・サクララン・オオカモメヅル・トキワカモメヅル・ツルモウリンカ・イケマ・コイケマなど

▶体は黒地に黄色い大きな斑紋が並び、青白色の斑点におおわれた、カラフルなイモムシ。胸と尾の近くに長い突起が2本ずつある。葉に丸い輪のような食痕をつくったり、葉のつけ根をかじってしおれさせたりしてから食べることが多い。体に毒をもつが触っても害はない。雑木林のまわりや山地の林で見られ、成虫はフワフワとゆるやかに飛んで、ヒヨドリバナなどに集まる。関東地方より北では冬を越せず、春に南から渡ってきたものが卵を産んで育ち、秋には再び南への渡りをする。

幼虫　skmt
食痕　fuku
成虫　ishi

ミドリヒョウモン 春 夏 秋 冬

【タテハチョウ科】 *Argynnis paphia*

体 42〜45㎜　開 65〜80㎜　分 北海道〜九州　幼虫期／10〜5月（卵〜幼虫越冬）　成虫期／5〜10月（年1化）　食 タチツボスミレ・パンジー・ニオイスミレ・シロスミレ・アケボノスミレ・エイザンスミレなど

▶体はまだら模様のあるこげ茶色で、背中に沿ってオレンジ色の2本の帯が走り、全身にオレンジ色の鋭いトゲが生えたイモムシ。頭の付け根のトゲは黒く長い。刺されそうな姿だが毒はない。秋に卵から産まれた幼虫は、1齢のまま何も食べずに冬を越すが、卵で越冬するものもいる。食草を求めてよく歩きまわる。雑木林や山地の林のまわりで見られる。成虫はアザミやクリなどの花に集まり、湿った地面で水を吸う。夏には姿を消すが、秋に再び現れて庭や公園にも飛んで来る。

幼虫　ueym
成虫　fuku

メスグロヒョウモン 春 夏 秋 冬

【タテハチョウ科】 *Damora sagana*

体40〜43mm　開65〜75mm　分北海道〜九州　幼虫期／10〜5月（幼虫越冬）　成虫期／6〜11月（年1化）　食タチツボスミレ・パンジー・ツボスミレ・エイザンスミレ・マルバスミレなど

▶体の色はつやの無い黒で、全身にオレンジ色の鋭いトゲが生えたイモムシ。頭の付け根のトゲは黒く長い。刺されそうな姿だが毒はない。秋に卵から産まれた幼虫は、1齢のまま何も食べずに冬を越す。食草を求めてよく歩きまわる。雑木林や山地の林のまわりで見られる。成虫のオスはほかのヒョウモン類に似るが、メスは黒い翅に白い帯が走り、別種のよう。ウツギやクリなどの花によく集まり、オスは湿った地面で水を吸う。夏には姿を消すが、秋に再び現れて庭や公園にも飛来する。

幼虫　📷ueym
オス成虫　📷saku
メス成虫　📷saku

アサマイチモンジ 春 夏 秋 冬

【タテハチョウ科】 *Limenitis glorifica*

体約27mm　開45〜55mm　分本州　幼虫期／10〜4,6〜9月（幼虫越冬）　成虫期／5〜10月（年3〜4化）　食スイカズラ

▶緑色の体が細かい顆粒におおわれ、背中に細かく枝分かれしたトゲが2列に並んだイモムシ。イチモンジチョウ（庭P26）に姿も習性もよく似るが、体の前半分にある3対と後半分にある2対のトゲが飛び抜けて太く長いこと、スイカズラ以外はほとんど食べないことで見分けられる。葉をかじってぶら下げたり、袋状の巣をつくって冬を越す習性も共通。雑木林のまわりや河原の茂みなど、イチモンジチョウより明るい環境で見られる。成虫の前翅の白斑の列が大きく途切れないのも区別点。ウツギなどの花に集まるが、湿った地面やフン、小動物の死体にはほとんど来ない。

幼虫　📷ueym
若齢幼虫　📷ueym
成虫　📷saka

ミスジチョウ 春 夏 秋 冬

【タテハチョウ科】 *Neptis philyra*

体約27㎜　開55〜70㎜　分北海道〜九州
幼虫期／7〜5月（幼虫越冬）　成虫期／5〜7月（年1化）　食イロハカエデ・ヤマモミジ・オオモミジ・イタヤカエデ・メグスリノキ・チドリノキ・ハウチワカエデなど

▶体の前半分が左右に広く、胸から腹にかけての背中に3対（1対は最大）、尾に2対の先が細いトゲをもつイモムシ。頭は丸みを帯びた三角で、頭頂が2つに分かれてとがる。胸をもちあげ頭を深く下げて休む。付け根を糸でくくった枯れ葉にとまり冬を越す。雑木林や山地の林のほか、緑の豊かな町の公園、人家の庭でも見られる。成虫はクリなどの花に来るほか、湿った地面で水を吸い、鳥や獣のフン、人の汗、腐った果物にも集まる。はばたきと滑空をくり返すように飛ぶ。

幼虫
📷 skmt

越冬幼虫の巣
📷 saku

成虫
📷 skmt

ホシミスジ 春 夏 秋 冬

【タテハチョウ科】 *Neptis pryeri*

体約24㎜　開45〜60㎜　分本州〜九州
幼虫期／6〜9,10〜5月（幼虫越冬）　成虫期／5〜10月（年2〜3化）　食シモツケ・ホザキシモツケ・イワシモツケ・アイズシモツケ・ユキヤナギ・コデマリ・シジミバナ・イワガサ

▶ミスジチョウに姿や習性がよく似るが、トゲは短く体の色はうす茶色で、黒っぽい斜めのすじが体側に並ぶイモムシ。尾部の両側に緑色の紋が目立つ。葉の中ほどを両側から食べて切り込みを入れ、先端を丸めて袋状の巣にし、付け根の部分を食べる。葉を三角に糸でくくった巣で冬を越す。雑木林のまわり、草原、岩場のほか、緑の多い町の公園や人家の庭でも見られる。成虫はウツギなどの花、湿った地面、フンなどに集まる。

幼虫
📷 ishi

若齢幼虫
📷 ishi

成虫
📷 ishi

イシガケチョウ 春 夏 秋 冬

【タテハチョウ科】 *Cyrestis thyodamas*

体約44mm　開45〜55mm　分本州〜琉球
幼虫期／4〜9月（成虫越冬）　成虫期／5〜9,10〜4月（年3〜5化）　食イヌビワ・イチジク・イタビカズラ・オオイタビ・ガジュマル・ハマイヌビワ・アコウ・オオバイヌビワ・ヤエヤマネコノチチなど

▶体は緑色で、胸と尾の背面に1本ずつあるトゲの生えた長い突起とその付け根が黒いイモムシ。体の下面は茶色。こげ茶と白の縞模様がある頭には、カーブした2本の長いツノがある。若齢幼虫は葉の中脈に噛みキズをつけ、そこから先の葉を食べて、先端に自分のフンで塔をつくる。谷川沿いや海岸近くの林、緑の多い市街地でも見られる。成虫は、花、湿った地面、フンや死体に集まる。分布を広げており、2010年の段階で北限は三重県。

幼虫 ishi
初齢幼虫食痕 fuku
成虫 ishi

スミナガシ 春 夏 秋 冬

【タテハチョウ科】 *Dichorragia nesimachus*

体約55mm　開55〜65mm　分本州〜琉球
幼虫期／6〜7,9〜10月（蛹越冬）　成虫期／5〜6,7〜9月（年2化）　食アワブキ・ミヤマハハソ・ヤマビワ・ナンバンアワブキ・ヤンバルアワブキ

▶体の前部と後部がこい緑、なかほどは尾に向かって細くなる緑白色、尾にはこげ茶色のダイヤ型の紋があるイモムシ。体の下面はうす茶色で、白い縞模様のある頭には、カーブして先がふくらんだ黒く長いツノがある。若齢は葉の先端に食べ残した葉のかけらをぶら下げ、中脈にフンの塔をつくる。雑木林や山地の林に見られる。成虫は花にほとんど来ず、湿った地面で水を吸い、樹液、動物のフン、人の汗などにも集まる。オスは山の頂上になわばりをもち、近づくほかのオスを追い払う。

幼虫 skmt
食痕 fuku
成虫 skmt

サカハチチョウ 春 夏 秋 冬

【タテハチョウ科】　*Araschnia burejana*

🐛約36㎜　📏35〜40㎜　📍北海道〜九州　幼虫期／5〜11月（蛹越冬）　成虫期／4〜10月（年2〜3化）　🍴コアカソ・クサコアカソ・ヤブマオ・イラクサ・エゾイラクサ・ホソバイラクサなど

▶体の色は、黒からクリーム色の模様があるものまでさまざまで、全身に大きく枝分かれした鋭いトゲが生えたイモムシ。頭には黒く長い突起がある。刺されそうな姿だが毒はない。休む時は、葉の裏で体をJの字に曲げている。雑木林や谷川沿いの林で見られる。成虫はミツバウツギなどの花に来るほか、湿った地面で水を吸い、動物のフンや死体、人の汗などに集まる。オレンジ色の紋が発達した春型に対し、夏型は白い逆八の字が目立つ。両方の型が同時期に見られることもある。

幼虫　📷ueym
成虫春型　📷ishi 
成虫夏型　📷fuku 

ヒオドシチョウ 春 夏 秋 冬

【タテハチョウ科】　*Nymphalis xanthomelas*

🐛約45㎜　📏60〜70㎜　📍北海道〜九州　幼虫期／4〜5月（成虫越冬）　成虫期／5〜4月（年1化）　🍴エノキ・ハルニレ・アキニレ・ケヤキ・エゾヤナギ・シダレヤナギ・ネコヤナギなど

▶体は黒地に灰色の斑点でおおわれ、全身に黒く鋭いトゲが生えたイモムシ。刺されそうな姿だが毒はない。腹脚は赤茶色。群れになって食樹を丸坊主にすることも少なくない。驚かすと頭をもち上げてふるわせ、口から液を吐く。集団で蛹になることもある。雑木林や山地の林、緑の多い町の公園や住宅地でも見られる。成虫はウツギなどの花に来るほか、樹液や小動物の死体にも集まり、オスは湿った地面で水を吸う。羽化して1〜2週間程で休眠に入り、翌年春まで姿を見せない。

幼虫　📷skmt
成虫　📷skmt 

041

アカタテハ 春 夏 秋 冬

【タテハチョウ科】 *Vanessa indica*

体 約40mm　開 約60mm　分 北海道〜琉球
幼虫期／4〜10月（成虫越冬）　成虫期／周年（年3〜4化）　食 カラムシ・ヤブマオ・ラミー・コアカソ・クサコアカソ・アカソ・イラクサ・カテンソウ・ケヤキなど

▶黒い体の背中は黄色い細かい点におおわれ、全身に黒く鋭いトゲを生やしたイモムシ。気門の下の体節の間に、への字型の黄色い模様が並ぶ。葉の表面を内側にして縦に2つにおり、糸でつづって袋状の巣をつくる。巣の中で蛹になる。雑木林のまわりの草原や、川の土手、畑のまわり、公園、住宅地でも見られる。成虫はアベリアなどの花に来るほか、樹液や落ちて腐ったカキなどの果物にも集まる。オスは地面にとまって、近づくほかのオスを追い払い、同じ場所にもどる。

幼虫　fuku
巣　saku
成虫　fuku

コムラサキ 春 夏 秋 冬

【タテハチョウ科】 *Apatura metis*

体 約38mm　開 55〜70mm　分 北海道〜九州
幼虫期／6〜9,10〜5月（幼虫越冬）　成虫期／5〜10月（年2〜3化）　食 バッコヤナギ・コゴメヤナギ・オノエヤナギ・コリヤナギ・ネコヤナギ・シダレヤナギ・ドロノキ・ヤマナラシ・ポプラなど

▶体は緑色で尾がとがり、頭に2本のツノをもつ細長いイモムシ。全身は顆粒におおわれ、背中のなかほどに突起が1対ある。3〜4齢で越冬する幼虫は、体の色が灰色〜こげ茶色に変わり、木の幹のわれ目や枝の分かれ目で過ごす。葉の裏などで蛹になる。川や池など水辺の林、緑の多い公園、街路樹でも見られる。成虫は花には来ず、ヤナギなどの樹液に集まるほか、オスは湿った地面で水を吸い、獣のフンや人の汗にも飛来する。

幼虫　fuku
越冬幼虫　fuku
成虫　fuku

アカボシゴマダラ 大陸亜種 春 夏 秋 冬

【タテハチョウ科】 *Hestina assimilis assimilis*

体 約40mm　開 75〜85mm　分 本州（移入種）
幼虫期／6〜9、10〜5月（幼虫越冬）　成虫期／5〜10月（年3化以上）　食 エノキ

▶体は緑色で尾はとがり、頭に2本のツノをもつイモムシ。全身は顆粒でおおわれ、背中にあまりとがらない4対の突起がある。越冬する幼虫は体の色が茶色がかった灰色に変わり、枝の分かれ目や落ち葉の下で過ごす。雑木林、公園のほか、市街地の道ばたに生えた小木にもいる。成虫は花には来ず、樹液に集まる。春型は色が白っぽく、後翅の赤紋がほとんど消える。1990年代に中国大陸から持ち込まれた移入種で、年々分布を広げており、2011年の段階で茨城を除く関東地方と静岡、山梨両県に分布。奄美大島には固有亜種がいる。飼育したものを野外に放さないこと。

幼虫　📷 saku
越冬幼虫　📷 ishi
成虫　📷 saku

ゴマダラチョウ 春 夏 秋 冬

【タテハチョウ科】 *Hestina persimilis*

体 約39mm　開 60〜85mm　分 北海道〜九州
幼虫期／6〜9、10〜5月（幼虫越冬）　成虫期／5〜9月（年3化）　食 エノキ・エゾエノキ・クワノハエノキ

▶体は緑色で尾がとがり、頭に2本のツノがあるイモムシ。全身は顆粒でおおわれ、背中にとがった3対の突起がある。アカボシゴマダラに似るが、突起の数と尾の先が二又に大きく開いていることで見分けられる。4〜5齢で越冬する幼虫は、体の色が茶色がかった灰色に変わり、食樹の根元の落ち葉の下で過ごす。越冬後は決まった葉に糸を吐き居場所を定める。葉の裏などで蛹になる。雑木林のほか、公園、神社、時には人家の庭にも見られる。成虫は花には来ず、クヌギなどの樹液や腐った果物に集まる。

幼虫　📷 fuku
越冬幼虫　📷 fuku
成虫　📷 ishi

オオムラサキ 春 夏 秋 冬

【タテハチョウ科】*Sasakia charonda*

体 約57mm **開** 75〜100mm **分** 北海道〜九州　幼虫期／8〜6月（幼虫越冬）　成虫期／6〜8月（年1化）　**食** エノキ・エゾエノキ

▶体は緑色で尾がとがり、頭に2本のツノがある太ったイモムシ。全身は顆粒でおおわれ、背中にとがった4対の突起がある。ゴマダラチョウ（P43）と姿や生態が似て、3〜4齢幼虫が同じ場所で越冬することも多いが、背中の突起の数で見分けられる。また、自然が豊かな環境ではオオムラサキの比率が多くなる。越冬後に居場所を定める習性や、蛹になる位置も共通。おもに手入れがよくされた雑木林で見られる。成虫は花には来ず、クヌギなどの樹液、腐った果物、動物のフンや死体に集まる。オスは翅の表に紫色の紋がある。

幼虫　saku
越冬幼虫　fuku 
成虫　ishi 

ヒメウラナミジャノメ 春 夏 秋 冬

【タテハチョウ科・ジャノメチョウ亜科】*Ypthima argus*

体 約24mm **開** 33〜40mm **分** 北海道〜九州　幼虫期／5〜9,10〜4月（幼虫越冬）　成虫期／4〜9月（年3化）　**食** スズメノカタビラ・オーチャードグラス・チヂミザサ・メヒシバ・ススキ・チガヤ・アシボソ・ヒメノガリヤス・カモジグサ・イヌビエ・ネズミガヤ・ササクサ・ショウジョウスゲなど

▶体はうすい黄土色で、側面にこげ茶色の縦すじが走る、ずんぐりしたイモムシ。頭は丸く、頭頂が2つに分かれわずかにとがる。尾には1対のとがった突起がある。昼間は地上に下り、夜に活動し葉を食べると考えられている。驚かすとすぐ下に落ちる。雑木林のまわり、川の土手、公園など、市街地でも草地があれば見られる。成虫は低くスキップするように飛び、ヒメジョオンなどの花に集まる。

幼虫　ueym
成虫　fuku

ヒカゲチョウ 春 夏 秋 冬

【タテハチョウ科・ジャノメチョウ亜科】 *Lethe sicelis*

体 35～38mm　開 50～60mm　分 本州～九州　幼虫期／6～9,11～4月（幼虫越冬）成虫期／5～10月（年2～3化）　食 ゴキダケ・メダケ・アズマネザサ・ミヤコザサ・クマザサ・チシマザサ・ヤダケ・シコタンチク・オクヤマザサ・ヤヒコザサ・マダケなど

▶体は緑色で、ずんぐりとして尾に1対のとがった突起をもつイモムシ。顔は丸みを帯びた三角で、頭頂が2つに分かれてとがる。背中の両側に3つの茶色い紋が並ぶものもいる。3～4齢で越冬するときも体の色は変わらず、食草の低い葉の裏で過ごすことが多い。雑木林や山地の林のまわり、神社、緑の多い公園などで見られる。成虫は花にはほとんど来ず、樹液、動物のフンや死体、腐った果物などに集まる。夕方や曇った日によく活動する。

幼虫　saka
成虫　ishi 

クロヒカゲ 春 夏 秋 冬

【タテハチョウ科・ジャノメチョウ亜科】 *Lethe diana*

体 約35mm　開 45～55mm　分 北海道～九州　幼虫期／6～8,10～4月（幼虫越冬）　成虫期／5～9月（年3化）　食 メダケ・ゴキダケ・アズマネザサ・ミヤコザサ・クマザサ・シコタンチク・チシマザサ・ヤダケ・マダケ・ホテイチク・スズタケ・オカメザサなど

▶体の色には黄緑色型とうす茶色型がある、細長いイモムシ。角張った頭は黒く縁どられ、2本の長く鋭いツノがやや開いて生える。黄緑型には黄色い縦縞が走り、うす茶色型には背中にＶの字模様が並ぶものもいる。幼虫は夜行性で、昼間いる場所は体の色で葉の裏と茎に分かれる。4齢で越冬する。雑木林や山地の林、神社などに見られる。成虫の姿や習性はヒカゲチョウに似るが、よりうす暗く自然が豊かな環境を好む。

幼虫　ueym
頭　ueym 
成虫　fuku

コジャノメ 春 夏 秋 冬

【タテハチョウ科・ジャノメチョウ亜科】 *Mycalesis francisca*

体 約33mm **開** 40〜50mm **分** 本州〜九州 幼虫期／6〜8,9〜4月（幼虫越冬） 成虫期／5〜9月（年2〜3化） **食** アシボソ・チヂミザサ・コチヂミザサ・オオアブラススキ・アブラススキ・ススキ

▶こげ茶色の頭にネコの耳のような突起がある、ずんぐりしたイモムシ。体の色はうす茶色で、背中の中央の縦すじと、側面に並ぶ斜めのすじは暗い色。夜行性で昼間は落ち葉の下に潜む。終齢で越冬し、春になると何も食べずに蛹になる。雑木林山地の林、神社などで見られ、よく似たヒメジャノメ（庭P29）のように市街地や耕地にはいない。成虫はスキップするように低く飛び、クヌギなどの樹液や腐った果物、動物のフン、湿った地面に集まる。曇った日や夕方によく活動する。

幼虫 📷 saka
成虫 📷 ishi

マダラマルハヒロズコガ 春 夏 秋 冬

【ヒロズコガ科】 *Gaphara conspersa*

体 約7mm・ミノ14mm **開** オス16〜20mm・メス21〜26mm **分** 本州・九州・石垣島 幼虫期／7〜5月（幼虫？越冬） 成虫期／6〜8月（年1〜2化） **食** 樹皮・朽木・アリなど

▶幼虫はツヅミミノムシとも呼ばれ、木くずなどで平たい8の字型のミノをつくって中でくらす。幼虫はうすい黄土色の平たい体で、頭や胸の背面は固くこげ茶色。ミノは成長に従って大きくなり、前後どちらからでも出入りできる。前に進む時は体を外にのり出し、落ち葉などにかみついて引っぱる。雑木林や河原の木の根元、朽ち木の下、アリの巣のまわりなどで見られるが、アリを捕らえるのではなく、死体を食べるらしい。成虫はうす茶色とこげ茶色のまだら模様で、樹皮などにとまっているのがよく見つかる。

幼虫 📷 saka
ミノ 📷 skmt
成虫 📷 saka

オオミノガ 春夏秋冬

【ミノガ科】 *Eumeta variegata*

体 35〜50mm・ミノ50mm　開 オス35mm・メス体長30mm　分 本州〜琉球　幼虫期／6〜4月（幼虫越冬）　成虫期／5〜8月（年1化）　食 ソメイヨシノ・ウメ・オニグルミ・オオイタビ・ハクウンボク・クスノキなど

▶葉を糸で紡錘型につづり、中でくらすミノムシとして有名。体はこげ茶色で、固くつやのあるうす茶色の胸の背面には黒い紋が並ぶ。胸脚は発達しているが、腹脚は小さい。夏に幼虫をミノから出して、小さく切った色紙や毛糸と一緒に箱に入れると、きれいなミノを作る。公園や街路樹、人家の庭でも見られ、多食性。成虫になるとオスには翅があるが、メスはイモムシのような姿のままで、ミノの中に卵を産んで一生を終える。地方によっては移入種の寄生バエのために数が激減した。

幼虫とミノ
📷 wata

成虫
📷 wata

チャミノガ 春夏秋冬

【ミノガ科】 *Eumeta minuscula*

体 オス17mm・メス23mm・ミノ23〜40mm　開 オス23〜26mm　分 本州〜九州　幼虫期／8〜5月（幼虫越冬）　成虫期／6〜7月（年1化）　食 チャ・コナラ・クスノキ・アオモジ・ソメイヨシノ・ウメ・サルスベリ・モミジ・ハンノキ・オオイタビ・ハマボウなど

▶細い枝を使って筒状のミノを作るミノムシ。オオミノガのミノのように、枝についた部分が細くならない。習性も姿もオオミノガに似ているが、大きさは半分程度。蛹になる前には、ミノを枝にしっかり固定する。公園、街路樹・果樹園のほか、人家の庭でも見られ、さまざまな植物を食べる多食性。成虫も、ずっと小型である以外はオオミノガに似ており、メスに翅や脚がないことも共通。ただし寄生バエによる被害は受けていない。

幼虫
📷 yama

ミノ
📷 fuku

成虫
📷 kwbt

カバイロキバガ 春 夏 秋 冬

【キバガ科】　*Dichomeris heriguronis*

体16mm　開17〜21mm　分北海道〜九州　幼虫期／5〜6月（越冬態不明）　成虫期／6〜7月（年1化）　食サクラ・スミザクラ・エドヒガン・ソメイヨシノ・オウトウ・ウメ・ブンゴウメ・スモモ

▶細長い体はやや光沢のある黄緑色で体節がふくらみ、小さな黒点が横に並ぶイモムシ。前に平たく突き出したような頭とその付け根は黒く光沢がある。食樹の葉を2枚重ねたり縦に二つ折りにして、縁を糸でつづり合わせた巣に潜み、その中で蛹にもなる。庭や公園、街路樹、果樹園、雑木林などで見られる。成虫は角張った細長い翅を平たくたたんでとまり、キバガの特徴である下唇が大きく反り返って目立つ。

幼虫　📷yama
成虫　📷yama 

フジフサキバガ 春 夏 秋 冬

【キバガ科】　*Dichomeris oceanis*

体20mm　開18〜24mm　分本州〜九州　幼虫期／5〜7月（越冬態不明）　成虫期／5〜8月（年数化）　食フジ・ヤマフジ・ナツフジ・ラジノクローバ

▶体は細長く、胸には黒く太い横じまがあり、体側から尾端にかけても黒い模様が並ぶ派手なイモムシ。体節はややふくらんでまばらに毛が生え、白い背面に沿い暗灰色の縦じまが走る。つやのある大きな頭とその付け根は赤茶色。食樹の葉を2枚つづり合わせて巣をつくり、昼間は中に潜んで夜に活動する。驚くと体をくねらせ跳ね回る。巣の中で蛹になる。庭や公園、雑木林などで見られる。成虫は細長い翅を平たくたたんでとまり、後翅の縁は房状。他のキバガと同様に下唇がキバのように突き出し目立つ。別名ナカモンフサキバガ。

幼虫　📷yama
成虫　📷yama

タイワンイラガ 春 夏 秋 冬 毒

【イラガ科】 *Phlossa conjuncta*

|体| 約20mm　|開| 25〜27mm　|分| 本州〜九州　幼虫期／8〜9月（越冬態不明）　成虫期／7月（年1化？）　|食| クヌギ・オニグルミ

▶体は黄緑色で個体によって濃淡があり、角ばった体の背面と側面に、白と水色に縁どられた輪が並ぶイラムシ。背面の角と体側に並ぶ毒毛を生やした突起には、黄緑色のものと赤みを帯びたものがある。毒毛にふれるとしびれたような激しい痛みを感じるが、長く続くことはない。若齢では背面の青い帯が目立つ。雑木林や山地の林、緑の豊かな公園などで見られる。成虫には毒はなく、灯りに飛んで来ると翅を屋根型にたたみ、尾を高くもち上げてとまる。暖かい地方を好むが、次第に分布を北に広げており、近年では関東北部でも見つかっている。

幼虫　📷ymst

成虫　📷saka

シリグロハマキ 春 夏 秋 冬

【ハマキガ科】 *Archips nigricaudana*

|体| 21〜23mm　|開| オス16〜23mm・メス22〜23mm　|分| 北海道〜奄美大島　幼虫期／3〜4月（卵越冬）　成虫期／5〜7月（年1化）　|食| カキ・リンゴ・ナシ・シイ・ミズナラ・コナラ・イヌシデ・ダケカンバ・クワ・ガマズミ・マンサク・フジ・ヒメリンゴ・カシワ

▶体は細長く暗灰色をしたイモムシ。ハマキガの幼虫に共通の平たい頭と、胸の体節の最前列は黒く光沢がある。食樹の葉を雑にたばねて巣をつくり中に潜む。リンゴやカキなどの果樹の葉を食い荒らすので害虫として知られる。庭や公園、街路樹、果樹園、雑木林でも見られる。成虫はオスとメスで翅の模様や大きさが違い、ミダレカクモンハマキ（庭P39）によく似ている。灯りに集まる。

幼虫　📷yama

オス成虫　📷yama

メス成虫　📷yama

クロゲハイイロヒメハマキ 春 夏 秋 冬

【ハマキガ科】 *Spilonota melanocopa*

体約10mm 開14.5〜17mm 分本州〜四国・琉球 幼虫期／3〜6月（越冬態不明）成虫期／4〜9月（年1化） 食イタジイ・イチイガシ

▶ハマキガの仲間としては体が太く、うす茶色でややふくらんだ体節ごとに、こげ茶色の太い帯が横に並ぶイモムシ。頭は茶色で光沢がある。食草の若い葉を数枚つづり合わせた巣の中に潜む。蛹になるときは巣を離れて繭をつくる。公園や照葉樹の林で見られる。成虫は、黒とこげ茶色の斑点が一面に散らばったうす灰色の翅を、屋根型にたたんでとまる。オスは触角の付け根がふくらむ。灯りに集まる。南方系の種類で、本州では関東南部より西で見つかっている。

幼虫 📷yama

成虫 📷yama

ポプラヒメハマキ 春 夏 秋 冬

【ハマキガ科】 *Gypsonoma minutana*

体10mm 開12〜15mm 分本州 幼虫期／6〜10月（蛹越冬） 成虫期／5〜6,7,9月（年2〜3化） 食ヤナギ・ポプラ

▶体はうすい黄色で細長く、まばらに毛が生えて体節がわずかにくびれた、あまり特徴の無いイモムシ。頭とその付け根はうす茶色で、胸の側面の体節に一対ずつの黒点がある。食樹の葉をフンとともに糸で不規則につづり合わせて雑な巣をつくり、中に潜んでまわりの葉を食べる。巣の中で蛹になる。公園や街路樹、雑木林などに見られる。成虫には黒っぽいものと赤みがかったものがおり、翅を屋根型にたたんでとまる。灯りに集まる。ポプラコハマキとも呼ばれる。

幼虫 📷yama

成虫 📷yama

トビモンシロヒメハマキ 春 夏 秋 冬

【ハマキガ科】 *Eucosma metzneriana*

🔴体15mm 🟡開16〜25mm 🟢分北海道〜九州
幼虫期／10〜3，6〜8月（幼虫越冬）　成虫期／4〜9月（年3化）　🟠食ヨモギ・オオヨモギ・キク

▶ハマキガとしては体が太く体節がややくびれて、うす桃色を帯びた乳白色のイモムシ。頭とその付け根は黒く光沢がある。食草の茎に潜り込んで内部を食べ、幼虫のいる部分はコブのようにふくれ、小さな穴を開けてフンを出す。キクの茎を食べると花が咲かなくなるので害虫として知られる。庭や公園、草原等に見られる。成虫は翅が白いものからこげ茶色の模様があるものまでさまざまで、灯りに集まり翅を屋根型にたたんでとまる。ヨモギシロフシガ・ヨモギメバエガとも呼ばれる。

幼虫　📷yama
成虫　📷yama

ナカアオフトメイガ 春 夏 秋 冬

【メイガ科】 *Teliphasa elegans*

🔴体28mm 🟡開30〜35mm 🟢分北海道〜奄美大島　幼虫期／7〜9月（蛹越冬）　成虫期／6〜8月（年2化）　🟠食バラ・ボケ・オランダイチゴ・クリ・クマノミズキ

▶白い毛の生えた体は尾端に向かって細くなり、オレンジ色を帯びた黄色い背面には、体節ごとに大小の黒い紋が並び、側面に沿って黒、白、黄色の細い縦縞が走るカラフルなケムシ。大きな頭とその付け根には、左右1対の黒い大きな紋が目立つ。食樹の葉を数枚つづって簡単な巣をつくり、細かく糸を張りめぐらした中に潜るように隠れる。庭や公園、雑木林などに見られる。成虫はこげ茶色の前翅の白い帯の有無や、銀色や緑色を帯びたものなど、さまざまな個体変異がある。灯りに集まり、翅を平たく三角にたたんでとまる。

幼虫　📷yama
成虫　📷yama

051

クロウスムラサキノメイガ 春 夏 秋 冬

【ツトガ科】 *Teliphasa elegans*

体約13mm 開16〜22mm 分本州〜九州
幼虫期／6〜10月？（蛹越冬?） 成虫期／5〜6,8〜9月（年2化） 食クヌギ・コナラ

▶体は黄緑色で光沢があり、体節が大きく盛り上がるイモムシ。頭とその付け根はうす茶色で背面中央に沿って濃い色のすじが尾端まで走る。尾脚は後ろへ突き出す。葉をつづって巣をつくり、その中で蛹になる。緑の豊かな公園や雑木林に見られる。成虫は紫を帯びたこげ茶色の翅で、付け根と腹の白い部分にオレンジ色の網目模様が目立つ。灯りに飛来するほか、よく似たウスムラサキノメイガと同様に、クリなどの花に集まると考えられる。分布の北限は東北地方南部。

幼虫 yama
成虫 yama 

オオキノメイガ 春 夏 秋 冬

【ツトガ科】 *Botyodes principalis*

体約23mm 開42〜45mm 分本州〜琉球
幼虫期／7〜11月（越冬態不明） 成虫期／6〜11月（年数化？） 食ネコヤナギ・ポプラ

▶体は光沢のあるうすい黄緑色で背面が青白色を帯び、ややふくらんだ体節ごとに黒点が並ぶイモムシ。頭は黄土色で黒い模様があるが、終齢になる前は黒一色。食樹の葉を巻いて巣をつくり、その中を食べてそのまま蛹になる。緑の豊かな町の公園や街路樹に見られる。成虫はツトガのなかでも飛び抜けて大型で、鮮やかな黄色い翅に縁のこげ茶色の紋が目立つ。オスは尾端に黒い毛の束がある。灯りに飛来するほか、セイタカアワダチソウなどの花にも集まる。

幼虫 yama
成虫 yama

クロスジキンノメイガ 春 夏 秋 冬

【ツトガ科】 *Pleuroptya balteata*

体19mm　開25〜32mm　分本州〜奄美大島
幼虫期／6〜4月（前蛹越冬）　成虫期／5〜9月（年数化）　食ヌルデ・クヌギ・クリ

▶体は緑色を帯びた黄白色で光沢があり、ふくれた体節に小さな黒点が横に並ぶイモムシ。頭は黄土色で口の部分だけ黒く、胸の体節の最前列はこげ茶色で中央の部分だけ色がうすい。終齢になるまでは頭とその付け根は黒く、体は透明感のあるうすい緑色。若齢は葉の先を三角形に巻いて中に潜むが、成長すると折りたたむように葉を巻いた巣をつくる。巣の中で蛹になる。庭や公園、雑木林で見られる。成虫の翅は明るいオレンジ色で、灯りによく飛来する。別名ヘリグロキンノメイガ。

幼虫 📷yama

成虫 📷yama

クワノメイガ 春 夏 秋 冬

【ツトガ科】 *Glyphodes pyloalis*

体約20mm　開21〜24mm　分本州〜琉球
幼虫期／6〜8,9〜5月（幼虫越冬）　成虫期／5〜9月（年4〜5化）　食クワ・コウゾ

▶体は光沢のあるうす黄緑色で、細かい黒点が散らばり、頭が黄土色のイモムシ。蛹になる前には赤みを帯びる。若齢幼虫は集団になり、食樹の葉の裏から皮を残して葉肉だけを食べ、レース模様のようになった葉はやがて枯れる。3齢から一匹ずつになり、葉をつづって巣をつくる。しばしば集団発生して食樹を丸坊主にするので、クワの害虫として扱われる。つづった葉や幹のすき間などに、うすい繭をつくり蛹となる。クワ畑の他、林のまわりや空き地、公園、河原などに生えている食樹にも見られる。成虫は灯りに集まる。

老熟幼虫 📷ymst

成虫 📷saka

053

モンキクロノメイガ 春 夏 秋 冬

【ツトガ科】 *Herpetogramma luctuosale*

体 約20㎜　開 26㎜　分 北海道〜琉球　幼虫期／8〜9月（蛹越冬）　成虫期／6〜9月（年2〜3化）　食 ブドウ・エビヅル・ヤブカラシ・ヤマブドウ・ノブドウ・ツタ

▶体は特徴がなく透き通った緑色で、頭やその付け根が茶色いイモムシ。食草の葉を糸で巻いて筒状の巣をつくり、まわりの葉を食べ荒らしてフンは巣の中にため込む。驚くと活発に動き回る。ブドウの害虫としても扱われる。成長しきると体の色は茶色く変わり、巣の中で蛹になる。雑木林のまわりや山地のほか、公園、果樹園、道ばた、住宅の庭などでも見られる。成虫は灯りに飛んで来るほか、ウツギやクリなどの花に集まり、翅を平らに開いてとまる。

幼虫 yama
成虫 kwbt 

ヨシカレハ 春 夏 秋 冬　毒

【カレハガ科】 *Euthrix potatoria*

体 約60㎜　開 オス45〜60㎜・メス50〜80㎜　分 北海道〜九州　幼虫期／9〜6月（幼虫越冬）　成虫期／7〜9月（年1化）　食 ヨシ・クマザサ・ススキ

▶こい灰色の体に沿って、大小の黄色い点が帯状に散らばり、胸と尾の背面には筆の穂先のような黒い毛の束があるケムシ。背面の毛にふれると皮膚が赤くはれあがって、激しいかゆみを引き起こす。体側の毛は密生して長く、根元の白い毛が目立つ。食草やまわりの枝などに、毒毛をまばらに付けた黄色の繭をつくり、中で蛹になる。雑木林や山地の林、自然の豊かな水辺などに見られる。成虫には毒はなく、翅を屋根型にたたんでとまる。メスの方が大型。タケカレハ（庭P42）に、幼虫も成虫もよく似ている。

幼虫 wata
幼虫 wata 
成虫 ishi

リンゴカレハ 春 夏 秋 冬 毒

【カレハガ科】　*Odonestis pruni*

体約60mm　開オス約50mm・メス約60mm
分北海道〜九州　幼虫期／7〜8,10〜5月（幼虫越冬）　成虫期／6〜7,8〜9月（年2化）　食クヌギ・リンゴ・ナシ

▶頭を含む全身が茶色がかった灰色の短い毛におおわれ、まばらに黒く長い毛を生やしたケムシ。背面の両側に沿って白い斑点が並ぶ。側面の色のうすい毛が長いので体が平らに見える。胸の背面に青黒い毛の束があり、これにふれると皮膚が赤くはれあがって、はげしいかゆみを引き起こす。昼間は食樹の幹や枝に静止し、夜に活動して葉を食べる。若齢幼虫で越冬。雑木林や山地の林、果樹園、緑の豊かな公園などでも見られる。成虫には毒はなく、灯りに飛んできて翅を平らにたたんでとまると三角形になる。北海道では年1化。

幼虫　ymst
成虫　ishi 

クワゴ 春 夏 秋 冬

【カイコガ科】　*Bombyx mandarina*

体約35mm　開32〜45mm　分北海道〜九州　幼虫期／4〜6,7〜8月（卵越冬）　成虫期／6〜7,8〜9月（年2化）　食ヤマグワ・クワ

▶胸の後ろが大きくふくらんだうす茶色のイモムシ。胸にはふちがオレンジ色の黒い眼状紋があり、危険を感じると大きくふくらませる。尾の背面にはとがった突起がある。カイコの祖先と考えられており、色や大きさは違うが姿は似ている。モスラの幼虫のモデルともいわれる。終齢以前の幼虫は鳥のフンに似ている。マユは食樹の葉にくるまっていて、黄色く柔らかい。雑木林や山地の林のほか、緑の豊かな町の公園や市街地でも見られる。成虫の姿もカイコによく似ているが、腹が大きくなく色もうす茶色。灯りに飛んで来る。

幼虫　skmt
幼虫頭　skmt 
成虫　skmt 

055

シンジュサン 春 夏 秋 冬
【ヤママユガ科】　*Samia cynthia*

体50mm　**開**110〜140mm　**分**北海道〜琉球　幼虫期／6〜7,9〜10月（蛹越冬）　成虫期／5〜6,8〜9月（年2化）　**食**シンジュ・ニガキ・キハダ・カラスザンショウ・クヌギ・エゴノキ・クスノキ・ゴンズイ・ナンキンハゼ・ヒマ

▶黄緑色の体が白い粉におおわれ、まるまると太って体節がややくびれたイモムシ。先端が水色で短い毛の生えたトゲのような突起が全身に並び、黒い点が散らばる。胸脚や腹脚の先は黄色。若齢はうすい黄色。食樹の葉を縦に折って灰色の固い繭を作り、中で蛹になる。ヨーロッパでは織物のために繭から糸をとる。雑木林や山地の林で見られるが、いる場所は限られる。成虫は灯りに集まる。寒い地方では年1化で夏にしか現れない。

幼虫　skmt
若齢幼虫　skmt 
成虫　skmt 

ヤママユ 春 夏 秋 冬
【ヤママユガ科】　*Antheraea yamamai*

体55〜70mm　**開**115〜150mm　**分**北海道〜琉球　幼虫期／4〜6月（卵越冬）　成虫期／7〜9月（年1化）　**食**クヌギ・コナラ・カシワ・カシ類・クリ・リンゴ・サクラ

▶体は透明感のある黄緑色で、お菓子のグミのような質感がある大型のイモムシ。体節が強くくびれて、まるまると太っている。体側の気門の上に、2対の銀色の紋がある黄白色の縦すじが走り、尾脚の茶色いくさび形の紋へと続く。体節ごとにまばらに毛が生える。体の前半分を高くもち上げ、深く頭を下げた姿勢で静止する。葉をつづり合わせ、だ円形で黄緑色の繭を作り、中で蛹になる。雑木林や山地の林で見られる。成虫は巨大で、灯りに飛んで来る。繭からとった糸は高級品なので、低い木に放して飼育する地方もある。

幼虫　skmt
若齢幼虫　skmt 
オス成虫　skmt

ヒメヤママユ 春 夏 秋 冬

【ヤママユガ科】　*Saturnia jonasii*

体 約60㎜　**開** オス85～90㎜・メス90～105㎜　**分** 北海道～九州　幼虫期／4～6月（卵越冬）　成虫期／10～11月（年1化）
食 サクラ・ウメ・ナシ・スモモ・サンゴジュ・ガマズミ・クヌギ・ミズキ・ウツギ・カエデ・クルミ科・ニレ科など

▶体は黄緑色で、青白色を帯びた背面に、青白く短い毛が刈りそろえたように一面に生えた大型のイモムシ。腹側にもまばらに毛が生えている。若齢幼虫は背面が黒く、両側に並んだコブの付け根に赤い紋があるが、成長すると2つだけになる。だ円形で粗い網目状の茶色いマユをつくり、中で蛹になる。中齢幼虫や繭を強くさわると、短い間だがかゆみを感じ、赤くはれることがある。雑木林や山地の林で見られる。成虫は灯りに集まる。

幼虫　skmt
若齢幼虫　fuku 
成虫　fuku 

ウスタビガ 春 夏 秋 冬

【ヤママユガ科】　*Rhodinia fugax*

体 約60㎜　**開** オス75～90㎜・メス80～110㎜　**分** 北海道～九州　幼虫期／4～6月（卵越冬）　成虫期／10～11月（年1化）
食 クヌギ・コナラ・カシワ・サクラ・ケヤキ・カエデ類・カバノキ科・ブナ科・ニレ科・バラ科など

▶気門の下を走る黄色い縦すじによって、上は明るい黄緑色、下は青みがかった緑色の2色に分かれたイモムシ。縦すじの上に青い点が並ぶ。粉っぽい質感があり、毛はほとんど目立たない。胸の後ろが太く高く盛り上がり、背面に1対と尾脚の上に1本の突起がある。さわるとチュウという音を出す。若齢には突起が並ぶ。緑色で長い柄のついた袋状のマユをつくる。雑木林や山地の林で見られる。成虫はオスとメスで姿が違い、灯りに集まる。

幼虫　skmt
若齢幼虫　skmt 
オス成虫　skmt

エゾヨツメ 春 夏 秋 冬

【ヤママユガ科】 *Aglia japonica*

[体]約50mm [開]70〜80mm [分]北海道〜九州 幼虫期／5〜7月（蛹越冬） 成虫期／4〜5月（年1化） [食]カバノキ類・ハンノキ・ブナ・クリ・コナラ・カシワ・カエデ類

▶体は明るい緑色で、全身が点のような白っぽい顆粒におおわれた、ずんぐりしたイモムシ。体節はくびれて、背面はコブのように高く盛り上がる。気門の下に黄白色の盛り上がった縦すじが走り、胸の後ろで赤茶色の紋になる。体側にはうすい色の斜めのすじが並ぶ。終齢になるまでは、胸に2対、尾に1本の長い突起がある。落ち葉をつづり合わせて網状の粗末な繭をつくり、中で蛹になる。雑木林や山地の林に見られる。成虫は春早くに現れ、灯りに集まる。オスは翅状の触角が大きく、毛深いのでウサギのように見える。

幼虫 ymst
若齢幼虫 kawa
成虫 fuku

イボタガ 春 夏 秋 冬

【イボタガ科】 *Brahmaea japonica*

[体]70〜100mm [開]80〜115mm [分]北海道〜九州 幼虫期／4〜6月（蛹越冬） 成虫期／3〜4月（年1化） [食]イボタノキ・モクセイ・トネリコ・ネズミモチ・ヒイラギ・マルバアオダモ

▶つやのある明るい黄緑色の体で、背面が青白色の大きなイモムシ。気門に沿って黒いまだらの帯が走り、全身に小さな黒点が散らばる。胸の背面にある1対の黒紋は大きく、驚かすとこの部分を高くもちあげる。胸脚や腹脚も黒い。終齢になるまでは、胸に2対、尾に3本のちぢれたヒモのような突起がのびている。雑木林や山地の林で見られるが、里山に隣り合った住宅地の垣根にいることもある。成虫は日本のガのなかでも飛び抜けて特異な模様をもち、灯りに飛んで来る。

幼虫 ishi
若齢幼虫 skmt
成虫 skmt

オオシモフリスズメ 春 夏 秋 冬

【スズメガ科】　*Langia zenzeroides*

体100〜130㎜　開140〜160㎜　分本州中部〜九州　幼虫期／5〜6月（蛹越冬）成虫期／3〜4月（年1化）　食ウメ・アンズ・モモ・スモモ・ニワウメ・ソメイヨシノ

▶黄緑色の巨大なイモムシで、全身に細かい横じわがあり、頭から尾角まで背面の両側に沿ってとがった白い顆粒がならぶ。頭は縦長の三角形で白い線で縁どられ、気門は水色で大きく目立つ。尾角は太く短く下向きに曲り、顆粒におおわれる。幼虫、成虫とも、さわるとチュウという音を出す。地中に潜って頭が丸く太い蛹になる。雑木林や山地の林、果樹園、緑の豊かな公園などで見られる。成虫は日本最大のスズメガで、メスはとくに巨大。灯りに集まり、翅をハの字に広げ尾を高くもち上げてとまる。愛知県より西に分布。

幼虫　ymst
成虫　saka

ウンモンスズメ 春 夏 秋 冬

【スズメガ科】　*Callambulyx tatarinovii*

体60〜70㎜　開65〜80㎜　分本州〜九州　幼虫期／6〜7,8〜10月（蛹越冬）　成虫期／5〜9月（年2化）　食ケヤキ・ハルニレ・アキニレ

▶緑色の大型のイモムシで、全身は細かい顆粒におおわれる。背面中央の後半分に並ぶトゲと、側面には並ぶ7本の斜めのすじは白。側面のすじは一本おきにコブ状にふくらみ、赤紫色の紋をともなう場合もある。顔は縦長の三角形で、白いすじに縁どられる。尾角は長くまっすぐにのび赤茶色。土に潜って蛹になる。雑木林や山地の林のほか、公園、街路樹などでも見られる。成虫は後翅の赤紫色が鮮やかだが、とまった時は緑色の前翅に隠れて目立たない。灯りによく集まり、口が退化しているので花に来ることはない。

幼虫　fuji
成虫　fuku

クロスズメ 春 夏 秋 冬

【スズメガ科】 *Sphinx caliginea*

体約65mm　開60〜80mm　分北海道〜九州　幼虫期／6〜7,8〜9月（蛹越冬）　成虫期／5〜6,7〜8月（年2化）　食アカマツ・クロマツ・エゾマツ・ゴヨウマツ・トドマツ・カラマツ

▶全体に横じわがあり、背面は紫色がかった茶色で白く太い縦すじに縁どられ、緑色の側面の下にも黄緑色の縦すじが走るイモムシ。葉の上に静止していると、背景にまぎれて見つけにくい。頭は茶色で黒い縦じまがあり、付け根には1対の黒斑がある。尾角はやや長く黒いつやがあり、下向きに曲る。若齢は背面も緑色。土に潜って蛹になる。山地から平地のマツ林や公園、市街地でも見られる。成虫は茶色がかった灰色で、灯りに飛んで来ることは少ない。

幼虫 📷yama
成虫 📷ushi

ホシヒメホウジャク 春 夏 秋 冬

【スズメガ科】 *Neogurelca himachala*

体45〜55mm　開35〜40mm　分北海道〜九州　幼虫期／6〜9月（成虫越冬）　成虫期／6〜7,8〜5月（年2化）　食ヘクソカズラ

▶日本のスズメガのなかで最小級。体の色や模様はさまざまで、黄緑色のもの、黄土色っぽいもの、うす紫がかったもの、黄緑色に赤紫の斑紋があるものなどがある。頭が小さく、体は前方に向かって細くすぼまる。尾角はたいへん長く、やや反り上がる。秋になると見られる数が多くなる。スズメガとしては珍しく葉をつづってマユをつくり中で蛹になる。公園、道ばた、林のへりなどでよく見られる。成虫は、姿も習性もホシホウジャク（P61）に似ているがより小型。家の中で冬越しをしていることも少なくない。

緑型幼虫 📷yama
紫型幼虫 📷yama
成虫 📷ishi

ヒメクロホウジャク 春 夏 秋 冬

【スズメガ科】　*Macroglossum bombylans*

[体]45〜50㎜　[開]40㎜　[分]北海道〜琉球　幼虫期／7〜9月（蛹？越冬）　成虫期／5, 7〜10月（年2化）　[食]アカネ・ヘクソカズラ・アケビ

▶黄緑色型と茶色型がいるイモムシで、全身はうすい色の細かい点におおわれている。黄色い縁どりのある頭は小さく、体は前方に向かって細くすぼまる。背面の両側には細かいトゲが並び、後方に向かうにつれ小さくなる。尾角は青みがかってまっすぐのび、先端が黄色い。向上板の縁どりも黄色。地面に粗い繭をつくって蛹になる。公園、道ばた、林のへりなどによく見られる。成虫は昼間にすばやく飛び回り、ハチドリのようにホバリングしながら口吻を伸ばして、アザミなどの花から蜜を吸う。背中が黄緑色なのが特徴。

幼虫　📷 wata

成虫　📷 saku

ホシホウジャク 春 夏 秋 冬

【スズメガ科】　*Macroglossum pyrrhosticta*

[体]50〜55㎜　[開]40〜50㎜　[分]北海道〜琉球・小笠原諸島　幼虫期／7〜12月（蛹？越冬）　成虫期／7〜11月（年2〜3化）　[食]ヘクソカズラ・アカネ

▶黄緑色と茶色いものがいるイモムシで、全身はうすい色の細かい点でおおわれている。頭が小さく体は前方に向かって細くすぼまる。色のこい背面とうすい地に7本の斜めのすじが並ぶ側面を、分けるようにすじが走る。尾角は先端が黄色で、長くまっすぐにのびる。秋になると見られる数が多くなる。越冬態は不明で、東京付近では蛹になっても死んでしまう。公園、道ばた、林のへりなどでよく見られる。成虫は昼間にすばやく飛び回り、ハチドリのようにホバリングしながら口吻を伸ばして、アザミなどの花から蜜を吸う。

緑型幼虫　📷 yama

茶型幼虫　📷 yama

成虫　📷 saku

コスズメ 春 夏 秋 冬

【スズメガ科】 *Theretra japonica*

体75〜80mm　開55〜70mm　分北海道〜琉球　幼虫期／6〜10月（蛹越冬）　成虫期／5〜9月（年2化）　食オオマツヨイグサ・フクシャ・ミズタマソウ・ノリウツギ・ブドウ・ノブドウ・ヤブカラシ・ツタ・エビヅル

▶緑色と茶色いものがいる大型のイモムシで、つやのないゴムのような質感がある。色のこい背とうすい地に斜めの線が並ぶ体側を分けるようにすじが走る。ふくらんだ部分に4対の白い紋があり、大きな2対は眼状紋。尾角は長くS字状に曲る。スズメガの仲間にはダラダラと発生するものが多く、卵と終齢幼虫が同じ時期に見られることもある。土に潜って蛹になる。公園、道ばた、林縁などでよく見られる。成虫は灯りに来るほか、夕刻にクサギなどの花に集まり飛びながら蜜を吸う。

幼虫　📷 skmt
緑型幼虫　📷 skmt 
成虫　📷 saka 

アゲハモドキ 春 夏 秋 冬

【アゲハモドキガ科】 *Epicopeia hainesii*

体約35mm　開55〜60mm　分北海道〜九州　幼虫期／7,9〜10月（蛹越冬）　成虫期／5〜6,8月（年2化）　食ミズキ・クマノミズキ・ヤマボウシ

▶幼虫の体は、さわるとすぐに取れる白い粉のようなものでできた長い角でおおわれている。若齢は群れになる。葉を二つ折りにして白い粉におおわれたうすい繭をつくり蛹になるとも、地上で固い繭をつくるともいわれる。雑木林や山地の林のほか、緑の豊かな町の公園や市街地でも見られる。成虫は名前の通り、翅の形や色、赤い腹までジャコウアゲハのオスにそっくりで、毒のあるチョウをまねて身を守るといわれるが、大きさはずっと小さい。昼間でも活動するほか、夕方になるとヒラヒラと活発に飛び、夜には灯りにも飛んで来る。

幼虫　📷 fuku
成虫　📷 fuku

ウコンカギバ 春 夏 秋 冬

【カギバガ科】 *Tridrepana crocea*

🔲体 20〜28㎜　🔲開 30〜35㎜　🔲分 本州〜九州　幼虫期／6〜8,10〜5月（幼虫越冬）成虫期／5〜10月（年数化）　🔲食 シラカシ・アラカシ・アカガシ・コナラ・クヌギ・シイ

▶先がとがってカールした長い突起が、胸から腹にかけて3対、尾に1対あるほか、尾端からも一本のび、背中には短いトゲが並ぶという、ガの幼虫のなかでも飛び抜けて奇妙な姿をしたイモムシ。一目見ただけでは体の前後もよく分からない。若齢には突起がなく、成長に従い伸びてくる。葉の裏にはりついて冬を越し、暖かい日には葉をかじっている。葉の上で頭にアンテナのような1対の突起のある蛹になる。雑木林や山地の林のほか、緑の多い住宅地でも見られる。成虫はあざやかな黄色でメスがやや大きく、灯りに集まる。

幼虫　📷fuku

成虫　📷ishi

ギンモンカギバ 春 夏 秋 冬

【カギバガ科】 *Callidrepana patrana*

🔲体 約20㎜　🔲開 22〜40㎜　🔲分 北海道〜九州　幼虫期／5〜10月（蛹越冬）　成虫期／4〜10月（年数化）　🔲食 ヌルデ

▶体はぬれたような光沢のあるうす茶色〜黒のまだら模様で、体節ごとにコブのようなふくらみが並ぶイモムシ。全体が黒っぽいものや、白い模様が点在するものもおり、葉の上に体を曲げて静止していると、鳥のフンによく似ている。頭頂は2つに分かれる。尾脚は退化して長い突起状になる。よく似たウスイロカギバは、突起が短く本種の半分程度。繭はつくらず、葉の先端近くの表面に放射状の噛みキズをつけ、その中央で蛹になる。雑木林や山地の林、緑の豊かな公園などで見つかる。成虫は明かりに飛んで来て、翅を平らに広げてとまると、三日月のような形になる。

幼虫　📷ymst

蛹　📷ymst

成虫　📷ishi

スカシカギバ 春 夏 秋 冬

【カギバガ科】 *Macrauzata maxima*

体 約40mm 開 50～55mm 分 本州～琉球 幼虫期／7～8,10～5月（幼虫越冬） 成虫期／5～7,8～10月（年2化） 食 クヌギ・シラカシ・ウバメガシ・アラカシ・カンボク

▶体には強い光沢があり、黒～こげ茶色のまだら模様で、腹のなかほどが白く側面にはり出したイモムシ。頭は角が丸い正方形で、付け根にかけて灰白色。体を「つ」の字型に曲げて葉の上にとまっていると、鳥のフンによく似ている。尾端は平たく、小さな細い尾角がある。若齢幼虫は黒一色で、葉の上で冬越しし、背中に葉の食べかすを並べている。葉の表面を内側にして丸め、その中で蛹になる。雑木林や山地の林のほか、緑の豊かな公園などで見られる。成虫には翅にすき通った大きな紋があり、灯りに飛んで来る。

幼虫 saka

成虫 kwbt

ツマジロエダシャク 春 夏 秋 冬

【シャクガ科】 *Krananda latimarginaria*

体 30mm 開 33～40mm 分 本州～琉球 幼虫期／5～9,11～4月（幼虫越冬） 成虫期／4～10月（年数化?） 食 クスノキ・オガタマノキ

▶個体によって黄緑色で茶色い模様があるものから、灰色で白やこげ茶色の不規則な模様が散らばるものまで、体色がさまざまなシャクトリムシ。退化した腹脚や動きは他のシャクガと同じ。食樹の幹や枝の上で静止していることもある。幼虫で越冬し春先に土の粒で繭を作って蛹になる。公園や街路樹、神社、雑木林などで見られる。成虫は直線的な模様のある角ばった翅を、大きく広げた特有の姿でとまる。灯りに飛来するほか、セイタカアワダチソウなどの花に集まる。

幼虫 yama

成虫 yama

トンボエダシャク 春 夏 秋 冬

【シャクガ科】　*Cystidia stratonice*

体 約38㎜　**開** 47〜58㎜　**分** 北海道〜九州　幼虫期／4〜6月（卵または若齢幼虫越冬？）成虫期／6月（年1化）　**食** ツルウメモドキ

▶体は細長い円筒形で、つやのないうすい黄色の地に、体節ごとに黒い長方形の模様が規則正しく並ぶシャクトリムシ。頭は黒く、側面に白い横すじが走る。胸脚と一つを残して退化した腹脚は黒い。葉を数枚つづって黄色に黒い紋を散らした蛹になる。食樹が共通でよく似たヒロオビトンボエダシャクは、体節ごとの模様が不規則なので見分けられる。雑木林や山地の林、緑の豊かな公園などで見られる。成虫は昼間に、名前の通り細長い腹をぶら下げるようにして、食樹のまわりなどをヒラヒラと飛ぶ。クリの花に蜜を吸いに来ることもある。

幼虫　📷skmt

成虫　📷kwbt

ヒョウモンエダシャク 春 夏 秋 冬

【シャクガ科】　*Arichanna gaschkevitchii*

体 25〜30㎜　**開** 41〜50㎜　**分** 北海道〜九州　幼虫期／4〜5月（卵越冬）　成虫期／6〜7月（年1化）　**食** アセビ・ハナヒリノキ・レンゲツツジ・クロマメノキ

▶体は細長い円筒形で、つやのないうすいオレンジ色の地に、体節ごとに黒い不規則な模様が並ぶシャクトリムシ。模様の形には変異があり、長方形から細かく分かれるもの、黒い点になるものまでさまざま。頭や脚、肛上板などの地色は濃い。腹脚は一つを残して退化している。雑木林や山地のほか、緑の多い町の公園や住宅の庭などでも見られる。成虫は灯りに飛んで来るほか、クリなどの花に集まり、日中に活動していることもある。アセビなどには毒があり、エサを通じて体内に蓄積するので、天敵が襲わないと言われている。

幼虫　📷wata

成虫　📷ishi

クロクモエダシャク 春夏秋冬

【シャクガ科】*Apocleora rimosa*

体約40mm　開33〜45mm　分本州〜奄美大島　幼虫期／6〜8, 10〜4月（幼虫越冬）成虫期／5〜9月（年2〜3化）　食ヒノキ・カイヅカイブキ

▶体の色には、黄緑色のものとこげ茶色のものがあり、ゴツゴツした感じのするシャクトリムシ。黒い斜めのすじが並ぶ背面と、体側の黒い気門を囲むように、不規則な白っぽい模様がある。背面中央には、2本の細く黒い縦すじが途切れながら走る。頭はどちらの色のものも茶色で、白い縦すじが2本ある。静止していると食樹の葉によく似ている。腹脚は一つを残して退化。雑木林や山地の林、公園、市街地の植込みなどにもふつうに見られる。成虫は翅を平らに拡げてとまり、前翅と後翅の波状のすじがつながって見える。

幼虫　yama
成虫　saka 

オレクギエダシャク 春夏秋冬

【シャクガ科】*Protoboarmia simpliciaria*

体約30〜35mm　開26〜36mm　分北海道〜九州　幼虫期／7〜8, 10〜4月（幼虫越冬）成虫期／5〜7, 9月（年2化）　食ハルニレ・ソメイヨシノ・ズミ・枯葉・樹皮

▶体は茶色がかった灰色で、体側には灰白色とこい灰色の模様が、体節ごとに交互に並ぶ細長いシャクトリムシ。腹脚は一つを残し退化している。葉だけではなく枯れ葉や樹皮もエサにする。よく似たニセオレクギエダシャクは、スギやヒノキなどの針葉樹を食べるので区別できる。雑木林や山地の林のほか、緑の豊かな公園などでも見られる。成虫は灯りに飛んで来て、翅を平らに広げてとまる。フジなどの花にも集まる。春型は夏型より大きくなるが、寒冷地では年1化。

幼虫　ymst
成虫　ymst

チャバネフユエダシャク 春 夏 秋 冬

【シャクガ科】　*Erannis golda*

体 約35mm　開 オス36〜45mm・メス体長11〜15mm（無翅）　分 北海道〜沖縄本島　幼虫期／4〜5月（成虫越冬）　成虫期／11〜1月（年1化）　食 ヤナギ類・シデ類・ケヤマハンノキ・ブナ・クリ・コナラ・ケヤキ・マンサク・サクラ・カエデ類・アワブキ・ミツバツツジなど

幼虫
📷 saka

成虫オス
📷 saka

成虫メス
📷 saka

▶背面は黒く縁どられた赤茶色で、体側や脚が黄色いカラフルなシャクトリムシ。体は円筒形で細長く、背面は細かい網目模様でおおわれる。腹脚は1対を残して退化。驚くと糸を吐いてぶら下がる。雑木林や公園、街路樹、人家の庭などに見られる。成虫は真冬に現れ、メスは翅がなく白地に黒い模様を散らしたクモのような姿をしている。オスは日没後にメスを求めて飛びまわる。

ニトベエダシャク 春 夏 秋 冬

【シャクガ科】　*Wilemania nitobei*

体 約35mm　開 30〜35mm　分 本州〜九州　幼虫期／4〜5月（卵越冬）　成虫期／11〜12月（年1化）　食 サクラ・リンゴ・ズミ・アラカシ・クヌギ・コナラ・ミズナラ・ブナ・クワ・アカシデ・マンサク科・ムクロジ科・ツツジ科・モクセイ科・スイカズラ科

幼虫
📷 yama

成虫
📷 fuku

▶白い粉をふいたようなうすい青灰色の細長い体に、細かい横じわがあるシャクトリムシ。明るいオレンジ色の丸い頭と、気門のまわりの黒く丸い紋が目立つ。静止する時は体を丸めるので、ハバチ類の幼虫のように見える。多食性でさまざまな植物の葉を食べ、土に潜って蛹になる。雑木林や山地の林のほか、緑の豊かな公園などでも見られる。成虫は秋遅くに現れ、胸にフサフサした長い毛が生えている。灯りに飛んで来る。

067

ヒロバトガリエダシャク 春 夏 秋 冬

【シャクガ科】　*Planociampa antipala*

[体]35〜40mm　[開]32〜42mm　[分]本州〜九州　幼虫期／5〜6月（蛹越冬）　成虫期／3〜4月（年1化）　[食]クヌギ・ケヤキ・コウゾ・サクラ・レンゲツツジ・ヤナギ科・クルミ科

幼虫
📷yama

成虫
📷yama

▶背面と腹面に沿って白と黒の縦縞模様が走り、黄色い側面には体節ごとに黒い紋が2列に並ぶ派手なシャクトリムシ。黄色い頭には黒く丸い模様があり、ガイコツのように見える。土の中に潜って蛹になり、翌春まで約9ヶ月を過ごす。緑の豊かな公園や雑木林で見られる。成虫は銀灰色の前翅と純白の後翅をもち、胸が長い毛におおわれて一見ヤガの仲間のように見える。灯りに飛来するほか、キブシなどの花にも集まる。

キエダシャク 春 夏 秋 冬

【シャクガ科】　*Auaxa sulphure*

[体]約40mm　[開]33〜39mm　[分]本州〜九州　幼虫期／3〜5月（越冬態不明）　成虫期／6〜7月（年1化）　[食]ノイバラ・サンショウバラ

幼虫
📷yama

成虫
📷ishi

▶体は緑色でたいへん細長く、腹部の側面に4対、尾に1対の鋭くとがったトゲのような赤茶色の突起があるシャクトリムシ。背面に沿って白い点が帯状に散らばる。腹脚は一つを残し退化しているが、いちばん後ろの胸脚は大きく発達し、赤く縁どられる。静止していると食樹の枝によく似ていて見分けにくい。葉を糸でつづった中でうす緑色の蛹になる。雑木林のまわり、緑の豊かな公園などで見られる。成虫はあざやかな黄色で、梅雨どきに現れ、日中にヒラヒラと飛んでウツギなどの花に集まるほか、灯りにもやって来る。

ウラベニエダシャク 春 夏 秋 冬

【シャクガ科】 *Heterolocha aristonaria*

体 18〜20mm　**開** 19〜26mm　**分** 本州〜琉球　幼虫期／5〜8月（蛹越冬?）　成虫期／4〜5,6〜7月（年2化）　**食** スイカズラ・ヒョウタンボク

▶体はずんぐりして白く、全身に大小の黒い模様が散らばった派手なシャクトリムシ。体節はややくびれ、気門に沿った側面と頭の付け根は黄色みを帯びる。頭と尾端にも左右に1対の黒く丸い紋がある。若齢では背面がまだら模様で黒い紋は目立たない。驚くと体を折り曲げ糸を吐いてぶら下がる。緑の豊かな公園や雑木林で見られる。成虫には縁が赤みを帯びるものや黒ずんだものなど個体変異が多い。灯りに飛来するほか、フジなどの花にも集まる。暖かい地方では秋に第3化が現われる。

幼虫　yama
若齢幼虫　yama 
成虫　yama 

オオアヤシャク 春 夏 秋 冬

【シャクガ科】 *Pachista superans*

体 約45mm　**開** オス45〜55mm・メス65mm　**分** 北海道〜九州　幼虫期／7〜8,10〜5月（幼虫越冬）　成虫期／6〜9月（年2化）　**食** シデコブシ・ホオノキ・モクレン・オオヤマレンゲ・タムシバ

▶寸づまりな感じの円筒形の体で頭がとがり、つやのない青みがかった黄緑色のイモムシ。体側に沿って、大きな尾脚まで黄色いすじが走る。体をまっすぐにして斜めに立ち上がり静止した姿は、食樹のとがった芽によく似ている。若齢は冬越しの時に茶色く色が変わり、芽に貼りつくようにして過ごす。葉の一部を巻いた中で、うす緑色の蛹になる。雑木林や山地の林、緑の豊かな公園などで見られる。成虫は翅の裏に黒い大きな紋があり、付け根と腹側が黄色い。灯りに飛んで来る。

幼虫　suzu
越冬幼虫　skmt 
成虫　ishi 

069

ヒメカギバアオシャク 春 夏 秋 冬

【シャクガ科】　*Mixochlora vittata*

体約25㎜　**開**29〜40㎜　**分**本州〜九州　幼虫期／6〜9,11〜4月（幼虫越冬）　成虫期／5〜11月（年数化）　**食**コナラ・クヌギ・アラカシ・ウバメガシ・クリ・ツノハシバミ

▶体はうすい緑色〜茶色で、腹部の前方にコブのような突起があるシャクトリムシ。体側にはうすい色の斜めの帯が並ぶ。頭の付け根に1対の小さな突起があり、後ろの2つの胸脚が大きく発達する。背中を丸めて頭をもち上げ、斜めに立ち上がって静止すると、食樹の新芽によく似ている。枝の上で冬を越し、暖かい日には歩きまわって芽などをかじる。雑木林や山地の林、緑の豊かな公園などで見られる。成虫は鮮やかな青緑色で、翅の裏面はうすいオレンジ色。灯りに飛んで来て、翅を平らに広げてとまる。

幼虫　📷 saka
成虫　📷 ishi

カギシロスジアオシャク 春 夏 秋 冬

【シャクガ科】　*Geometra dieckmanni*

体20〜25㎜　**開**29〜45㎜　**分**北海道〜九州　幼虫期／6〜7,9〜4月（幼虫越冬）　成虫期／5〜8月（年2化）　**食**コナラ・クヌギ・ミズナラ・クリの球果

▶体は黄緑色〜茶色とさまざまで、腹部の背面に鋭いトゲのような突起が6対あるイモムシ。いちばん前と後ろの突起は小さい。背面や体側に沿って白い縦すじが走る。胸部は角張ってふくらみ、胸脚が大きい。腹脚は一つを残して退化している。若齢幼虫は食樹の冬芽に貼りつくような形で冬を越し、成長して静止した姿は芽吹いた状態によく似ている。若齢の食べあとはレース模様。雑木林や山地の林、緑の豊かな公園などで見られる。成虫は鮮やかな青緑色で、灯りによく飛んで来て、翅を平たく広げてとまる。春型は大きい。

幼虫　📷 arsw
越冬幼虫　📷 aoki
成虫　📷 ishi

ヨツモンマエジロアオシャク 春 夏 秋 冬

【シャクガ科】 *Comibaena procumbaria*

体約19mm **開**20〜25mm **分**本州〜琉球 幼虫期／〜5月（幼虫越冬）成虫期／6〜10月（年2化？） **食**イヌマキ・ヤマモモ・ヤマハギ・マルバハギ・アカメガシワ

▶体はこげ茶色で不規則な模様があるシャクトリムシ。胸脚は大きく発達し、腹脚は1対を残して退化している。枯れ葉や枝などを背中に貼り付けたまま活動し、静止している時は風に吹かれているかのように体をゆらす。枯れ葉を背負ったまま蛹になる。公園や雑木林などで見られる。成虫は鮮やかな青緑色で、前翅と後翅に茶色く縁どられた白い斑紋がある。第1化の方が夏に現れるものより大きい。灯りに飛来する。

幼虫 📷 yama
成虫 📷 yama

バイバラシロシャチホコ 春 夏 秋 冬

【シャチホコガ科】 *Cnethodonta grisescens*

体約30mm **開**33〜50mm **分**北海道〜九州 幼虫期／6〜7,9〜10月（蛹越冬） 成虫期／5〜6,8〜9月（年2化） **食**オニグルミ・クマシデ

▶細長い棒状の胸脚、大きな頭、トゲが並ぶ背、ふくらんだ尾部からのびる突起に変化した2本の尾脚と、ガの幼虫のなかでもとび抜けて奇妙な姿をしている。胸脚は静止する時も折りたたまない。体はチョコレート色で黒い点がまばらに散り、黄色い紋がある場合が多い。よく似たシロシャチホコは山地に多く、終齢幼虫は黄色〜赤茶色なので区別できる。葉の上にうすい繭をつくり蛹になる。おもに雑木林で見られ、山地には少ない。成虫もシロシャチホコによく似て、見分けるのが難しい。灯りに集まり、翅を平らに広げてとまる。

幼虫 📷 fuku
成虫 📷 fuku

ナカグロモクメシャチホコ 春 夏 秋 冬

【シャチホコガ科】 *Furcula furcula*

体 約35mm　開 35〜40mm　分 北海道〜九州
幼虫期／6〜10月（蛹越冬）　成虫期／5〜9月（年2化）　食 ヤナギ・ポプラ

▶体は黄緑色で、頭の付け根の左右と胸の後ろの背面が、角張って突き出したイモムシ。尾端は細くなり、尾脚が変化した長い2本のムチのような突起がのびる。背面の胸には三角形の、その後ろには両端のとがった帯があり、どちらも茶色がかった灰色で縁どりは黄色い。若齢は頭の付け根にツノのような黒い突起がある。驚くと胸をふくらませて背中を反らせ、もち上げた突起の先端から、丸まった紅色のひも状のものを伸ばす。食樹の幹をかじって固い繭をつくり、中で蛹になる。雑木林や山地の林、緑の豊かな公園、街路樹などで見られる。成虫は灯りに飛んで来る。

幼虫 📷yama
成虫 📷ishi

ムラサキシャチホコ 春 夏 秋 冬

【シャチホコガ科】 *Uropyia meticulodina*

体 約38mm　開 48〜55mm　分 北海道〜九州
幼虫期／6〜7,9〜10月（蛹越冬）　成虫期／4〜5,7〜9月（年2化）　食 オニグルミ

▶体は鮮やかな黄色と紫がかった茶色のツートーンカラーで、虫食いの葉の上にいると背景にとけ込む。大きな頭にネコの耳のような角張った突起があり、尾脚が細長く変化した尾をいつももち上げている。驚かせると体を大きく反らせたシャチホコ型になり、尾脚の先からムチのような突起を出してふるわせる。葉の上に白っぽい繭をつくり中で蛹になる。雑木林や山地の林で見られ、川沿いなどに多い。成虫は灯りによく集まり、とまった姿は丸まった枯れ葉を影までたくみにまねているように見える。

幼虫 📷fuku
成虫 📷ishi

ホソバシャチホコ 春 夏 秋 冬

【シャチホコガ科】 *Fentonia ocypete*

体 約42㎜　**開** 42〜48㎜　**分** 北海道〜九州
幼虫期／6〜7,9〜10月（蛹越冬）　成虫期／5〜6,8月（年2化）　**食** ミズナラ・コナラ・クヌギ・アラカシ

▶うす茶色の体に、黄色や白の紋、こげ茶色やえんじ色の迷路のような縞模様があり、胸の側面だけが緑色のイモムシ。カラフルな姿は、虫に食われた葉の上にいると、かえって見つけにくい。顔は丸く大きく、縦に多数の縞模様があり、静止するときは前に突き出す。尾脚は長くハの字に広がる。胸の後ろと腹脚のある体節の背面が高く盛り上がるため「腰高虫」と呼ばれる。土に潜り粗い繭をつくって蛹になる。雑木林や山地の林、緑の豊かな町の公園や市街地でも見られる。成虫は灯りに飛んで来る。

幼虫　saka
成虫　saka

クロテンシャチホコ 春 夏 秋 冬

【シャチホコガ科】 *Ellida branickii*

体 約40㎜　**開** 48〜55㎜　**分** 北海道〜九州
幼虫期／5〜6,8〜9月（蛹越冬）　成虫期／4〜5,7〜8月（年2化）　**食** ミズナラ・コナラ

▶体は黄緑色で、黄色みを帯びた背中に沿って、白く縁どられた鮮やかな赤茶色のダイヤ模様が連なるイモムシ。尾部の背面には先端が赤いとがった突起がある。頭は赤茶色で黄色く短い縦すじ模様があり、側面は黄色く、黒い線で縁どられる。静止するときは、食樹の葉の裏でJの字型に体を曲げている。土の中に潜って蛹になる。雑木林のほか、山地にも見られる。成虫は灯りによく飛んで来て、翅を屋根型にたたんでとまり、前翅の黒い点が目立つ。

幼虫　ishi
成虫　saka

ウスキシャチホコ 春夏秋冬

【シャチホコガ科】 *Mimopydna pallida*

体約50mm 開40〜46mm 分北海道〜九州 幼虫期／6〜7,8〜9月（蛹越冬） 成虫期／4〜6,8〜9月（年2化） 食ススキ・ヨシ・ササ類

▶体は緑白色で、気門に沿って体側に太い黄色のすじが走る細長いイモムシ。背面から側面に沿っても緑色や黄白色の細い縦すじがある。イネ科の食草の細い葉に沿って静止していると見つけにくい。頭は灰色がかって丸く大きく、白いハの字型の模様と黄白色の縁どりがあり、静止するときは口を前に突き出す。尾脚はやや退化して腹脚より小さい。雑木林やそのまわり、草原などのほか、緑の豊かな公園でも見られる。成虫は先がとがった翅を屋根型にたたんでとまり、オスは尾端が翅より長く突き出す。灯りに集まる。

幼虫 suzu

成虫 saka

タカオシャチホコ 春夏秋冬

【シャチホコガ科】 *Hiradonta takaonis*

体約40mm 開オス40〜43mm・メス56mm 分本州〜九州 幼虫期／6〜7,8〜9月（蛹越冬） 成虫期／5〜6,7〜8月（年2化） 食エノキ

▶体は緑色で、白い背面をはさむ縦すじと気門に沿って走るすじが、いずれも黄色く目立つイモムシ。背面の中央の線と縁どりは緑色で、側面にも白い縦すじが走る。気門のまわりは黒く白い縁どりがある。頭は灰色がかって丸く大きい。驚かせると体を丸め、頭を体にこすりつけるような動作をする。土に潜って繭をつくり蛹になる。おもに雑木林にすみ、山地には少ない。成虫は灯りに集まり、翅を屋根型にたたんでとまる。シャチホコガの仲間は、遅い時間にならないと灯りに飛んで来ないものが多い。

幼虫 suzu

成虫 fuku

スギドクガ 春 夏 秋 冬

【ドクガ科】 *Calliteara argentata*

体 40〜45mm　開 オス42〜46mm・メス44〜65mm　分 北海道〜九州　幼虫期／6〜7,10〜4月（幼虫越冬）　成虫期／5〜6,8〜9月（年2化）　食 スギ・ヒノキ・サワラ・ヒマラヤシーダー

▶緑色の体は長いまばらな毛におおわれ、背中に歯ブラシのような茶色い毛の束が並ぶケムシ。頭の付け根に黒く2本、尾には黄色い1本の長い毛の束がある。背面の両側と側面に沿って黒いふちどりのある白い紋が並び、食樹の葉の上では見つけにくい。驚かせると背中を丸め、体節の間に隠れていた黒い帯を見せる。若齢で越冬し、毛をつづった粗い繭の中で蛹になる。針葉樹の植林地、公園、市街地などでも見られる。成虫は銀灰色で、オスは小さく前翅にこい帯があり、メスは大型。

幼虫　yama

オス成虫　fuku

アカヒゲドクガ 春 夏 秋 冬

【ドクガ科】 *Calliteara lunulata*

体 50〜55mm　開 オス50〜55・メス65〜70mm　分 北海道〜琉球　幼虫期／5〜6,7〜10月（蛹越冬）　成虫期／5〜6,8月（年2化）　食 クヌギ・コナラ・クリ

▶全身は先が羽根のように広がった灰色の毛でおおわれ、その間から黒と白の長い毛が生えるので、まだら模様に見えるケムシ。背中には茶色い歯ブラシのような毛の束が並ぶ。毛に毒はないが、強くさわると皮膚がしばらくのあいだ赤くはれることもある。体の毛を混ぜたうすく茶色い繭をつくって蛹になる。緑の豊かな公園や雑木林で見られる。成虫は灰白色で前翅の前縁にU字型の黒い紋があり、メスが大きい。名前はオスの触角の色にちなむ。灯りに飛来して羽根を屋根型にたたみ、毛の生えた前脚を前に突き出してとまる。

幼虫　hoku

若齢幼虫　hoku

オス成虫　saka

リンゴドクガ 春 夏 秋 冬

【ドクガ科】 *Calliteara pseudabietis*

体30～35㎜ 開オス36～46㎜・メス49～60㎜ 分北海道～九州 幼虫期／5～7,10月（蛹越冬） 成虫期／4～5,7～9月（年2化） 食リンゴ・ナシ・サクラ・クヌギ・コナラ・アベマキ・カエデ・ヤナギ・ポプラ・ドロノキ

▶全身が黄白色の長い毛におおわれ、背中には歯ブラシのような毛の束が並ぶカラフルなケムシ。尾脚の上にも、しっぽのような赤い毛の束を立てている。驚かせると背中を丸め、毛の間にかくれていた黒い帯を見せる。毛に毒はない。黄色い繭をつくり蛹になる。雑木林や山地の林のほか、緑の豊かな町の公園や市街地でも見られる。成虫の翅は銀灰色で、メスに比べてオスは小さく、前ばねを横切る帯と後翅は色がこい。灯りによく集まる。

幼虫 📷 skmt

幼虫 📷 skmt

オス成虫 📷 saka

スゲドクガ 春 夏 秋 冬

【ドクガ科】 *Laelia coenosa*

体40～45㎜ 開31～39㎜ 分北海道・本州 幼虫期／5～9月（越冬態不明） 成虫期／6～9月（年2化？） 食ヨシ・スゲ類・ヒメガマ・マツカサススキ

▶全身が鮮やかな黄色い毛でおおわれ、背面には黄土色の歯ブラシのような毛の束が4つ並ぶケムシ。頭の付け根に黒で1対、尾脚の上に黄土色で1本、毛の束がつき出している。いかにも刺されそうだが毛に毒はない。うす茶色の体の背面に沿って黒い帯が走る。葉の上に自分の毛をつづった黄色いボート状のマユをつくり、蛹になる。食草が湿地に生えるので、自然の岸辺が残った池や沼、休耕田などで見られる。成虫は灯りに集まる。よく似たスゲオオドクガは西日本に分布し、幼虫の毛が全体にうす茶色で、成虫の顔は黄色い。

幼虫 📷 yama

成虫 📷 yama

キアシドクガ 春夏秋冬

【ドクガ科】 *Ivela auripes*

[体]35〜40mm [開]50〜57mm [分]北海道〜九州　幼虫期／4〜5月（卵越冬）　成虫期／6月（年1化）　[食]ミズキ・クマノミズキ

▶黒い体が長い毛におおわれ、黄白色の紋が各体節の背面に左右3対ずつ並ぶケムシ。体はやや平たく下半分は黄白色。毛に毒はない。葉の裏などに糸を張りめぐらして、黄白色で黒い紋をちりばめた蛹となる。雑木林のほか、公園や住宅地でもよく見られ、時には大発生することもある。成虫は前縁が黒ずんだ銀白色で半透明の翅をもち、名前の通り脚は明るいオレンジ色。昼間に食樹の近くをひらひらと飛ぶが、灯りにも集まる。木の幹などにロウでおおわれた卵の塊を産みつけ、翌年の春にようやく孵化する。

幼虫　📷 fuku

成虫　📷 fuku

マイマイガ 春夏秋冬

【ドクガ科】 *Lymantria dispar*

[体]55〜70mm [開]オス45〜61mm・メス62〜93mm [分]本州〜九州　幼虫期／4〜6月（卵越冬）　成虫期／7〜8月（年1化）[食]サクラ・リンゴ・ウメ・バラ・クヌギ・アベマキ・クリ・アラカシ・ヤナギ・ケヤキ・ハンノキ

▶背面に青やオレンジのイボが並び、全身が長い毛におおわれたケムシ。体は灰黄色で黒い小さな紋が散らばり、頭に黒いハの字の紋がある。毛に毒はないが、強くさわると刺さって痛むこともある。若齢はよく糸を吐いてぶら下がるのでブランコケムシと呼ばれる。雑木林や山地の林、公園、街路樹、人家の庭などで見られる。成虫のオスは茶色で小型、メスは白っぽく大型で、木の幹などに毛で包まれた卵の塊を産む。灯りに集まる。

幼虫　📷 saka

幼虫の頭　📷 saka

オス成虫　📷 ishi

ウチジロマイマイ 春 夏 秋 冬

【ドクガ科】　*Parocneria furva*

体 約30mm　開 オス22〜31mm・メス33〜35mm　分 北海道〜九州　幼虫期／7〜8,10〜6月（卵または幼虫越冬）　成虫期／6,8〜9月（年2化）　食 ビャクシン・ハイビャクシン・ヒノキ

▶ややずんぐりした体は、緑色や黄色味を帯びたうす茶色で、ドクガ科には珍しく、まばらにしか毛が生えていないケムシ。側面に沿って黒く縁どられたうす色の帯が走り、食樹の葉の上にいると見つけにくい。葉の間で緑色に白い紋をちりばめた蛹になる。林のほか、食樹の植込みがあれば、公園や市街地でも見つかる。成虫は濃い灰色でメスが大型。灯りによく飛んで来る。秋に産まれた卵のうち、春までそのままのものと、幼虫になって冬を越すものがある。

幼虫　📷 yama

オス成虫　📷 ishi

メス成虫　📷 ishi

キドクガ 春 夏 秋 冬　毒

【ドクガ科】　*Euproctis piperita*

体 約30mm　開 オス25〜33mm・メス32〜38mm　分 北海道〜九州　幼虫期／6〜7,9〜4月（幼虫越冬）　成虫期／5〜9月（年2化）　食 ヤシャブシ・ヤマナラシ・マンサク・リョウブ・ハクウンボク・ツツジ・ケヤキ・エニシダ

▶黒い体の背中と側面にオレンジ色の帯があり、白い紋が並ぶカラフルなケムシ。モンシロドクガ（庭P68）に似ているが、帯のオレンジ色がこく、頭の付け根の赤いコブからのびる黒い毛の束が長いので見分けられる。毒毛におおわれており、被害が多いのは共通。雑木林や山地の林で見られ、町の近くには少ない。成虫は黄色い翅にゴマをふったような模様の帯があり、毒毛を持つ。灯りに飛んで来たものに刺されることもある。

幼虫　📷 saka

成虫　📷 ishi

078

アカスジシロコケガ 春 夏 秋 冬

【ヒトリガ科】　*Cyana hamata*

体 約20mm　開 20〜38mm　分 北海道〜琉球
幼虫期／7〜8,10〜5月（幼虫越冬）　成虫期／6〜7,8〜9月（年2化）　食 地衣類

▶背中に沿って黄色い2本のすじがあり、その両側にはオレンジ色の、体側には黄色い点を散らしたこげ茶色のコブが並ぶケムシ。黒く長い毛が密生し、いかにも刺されそうな姿だが毒はない。さわると体を丸めて下に落ちる。木の幹や石の表面に生えた地衣類（コケに似た菌類）を食べる。体の毛を使ってまばらなカゴのような繭をつくり、中で蛹になる。雑木林や山地の林、緑の豊かな公園などで見られる。成虫は明かりに飛んで来て、翅を細くたたんでとまる。イタドリなどの花にも蜜を吸いに集まる。

幼虫　ymst
繭　ymst 
成虫　ishi 

カノコガ 春 夏 秋 冬

【ヒトリガ科】　*Amata fortunei*

体 約25mm　開 30〜37mm　分 北海道〜九州
幼虫期／7〜8,10〜6月（幼虫越冬）　成虫期／6,8〜9月（年2化）　食 タンポポ・枯れ葉？

▶むらさき色がかった黒灰色のずんぐりとした体に、ブラシのような黒い毛が一面に生えたケムシ。若齢は毛が短い。地上を歩いているものを見つけることが多い。幼虫は枯れ葉などの下にもぐり込んで冬を越す。与えればさまざまな植物を食べ、葉をつづって繭をつくり蛹になる。雑木林のまわり、公園、畑、草地、人家の庭でも見られる。成虫は黒い翅に白い水玉模様があり、昼間に草や茂みの上を、低くヒラヒラと飛びまわる。イタドリなどの花に集まる。

幼虫　saka
成虫　ishi

キハラゴマダラヒトリ 春 夏 秋 冬

【ヒトリガ科】 *Spilosoma lubricipedum*

体 約30mm　開 32〜41mm　分 北海道〜九州
幼虫期／5〜11月（蛹越冬）　成虫期／4,6〜7,8〜9月（年3化）　食 クワ・サクラ・ダイズ・アブラナ科

▶体節のくびれたこげ茶色の体に、黒く長い毛が密生したケムシ。毛に毒はない。頭の付け根から尾端まで、背面にうすいオレンジ色の線が走る。広食性でさまざまな植物を食べ、自分の毛をつづって繭をつくり蛹になる。雑木林のほか、公園、街路樹、畑、人家の庭などで見られる。成虫は黄ばんだ白い翅に黒点が散らばり、数や大きさはさまざま。アカハラゴマダラヒトリはたいへんよく似ているが、幼虫の背面の線はオレンジ色。成虫には腹の色が同じものもいるが、翅に黄ばみがなくまっ白なので見分けることができる。

幼虫 📷 saka
成虫 📷 saka

シロヒトリ 春 夏 秋 冬

【ヒトリガ科】 *Chionarctia nivea*

体 約60mm　開 52〜66mm　分 北海道〜九州
幼虫期／10〜6月（幼虫越冬）　成虫期／8〜9月（年1化）　食 スイバ・イタドリ・ギシギシ・タンポポ・オオバコ

▶黒く長い毛が密生したケムシで、いかにも刺されそうだが毒はない。側面の下側の毛は茶色く、なかには全身の毛が赤茶色のものもいる。頭は黒く、逆Y字型をした白い模様がある。春から初夏には、活発に歩きまわっているのをよく見かける。多食性でさまざまな植物の葉を食べ、自分の毛を糸でつづった繭をつくり中で蛹になる。雑木林のまわり、公園、畑、草地、人家の庭でも見られる。成虫は全身が白いが、翅を開くと腹の側面と足の付け根の赤い色が目立つ。驚くと翅を上げ、腹を曲げた姿勢をとる。灯りに飛んで来る。

幼虫 📷 saka
茶色型幼虫 📷 saka
成虫 📷 ishi

ヒトリガ 春 夏 秋 冬

【ヒトリガ科】 *Arctia caja*

体 約60㎜　開 48〜60㎜　分 北海道〜本州
幼虫期／10〜6月（幼虫越冬）　成虫期／8〜9月（年1化）　食 クワ・ニワトコ・スグリ・キク類・アサ

▶黒く長い毛が密生したケムシで、いかにも刺されそうだが毒はない。側面の下側の毛は赤茶色。クマケムシとも呼ばれる。姿も習性もシロヒトリ(P80)によく似ているが、本種は黒毛の先端が白いので見分けられる。多食性や、自分の毛で繭をつくることも共通。雑木林のまわり、高原、公園、草地などで見られる。成虫は前翅がこげ茶の地に白の網目模様、後翅と腹がこいオレンジに黒い斑紋が並ぶというカラフルな姿で、体に毒があることをアピールしているといわれている。名前の由来は、灯りによく飛んでくるため。

幼虫　📷mura

成虫　📷kwbt

リンゴコブガ 春 夏 秋 冬

【コブガ科】 *Evonima mandschuriana*

体 約17㎜　開 17〜24㎜　分 北海道〜九州
幼虫期／5,7月（卵越冬）　成虫期／6〜8月（年2化）　食 クヌギ・コナラ・サクラ・リンゴ

▶背面と側面に灰白色の毛が並び、黒く長い毛が体のまわりに広がって、背中にはモヒカン刈りのように並ぶ、飛び抜けて変わった姿のケムシ。さらに脱皮するたびに古い頭の抜けがらを、頭の上へ次々と乗せていき、終齢では塔のように高くなる。食樹の皮をはぎ取り、自分の毛や頭の抜け殻とともにつづって繭をつくり、中で蛹になる。雑木林や山地の林、緑の豊かな公園などでも見られる。成虫は小型で目立たず、白と灰色のまだら模様の前翅に茶色い帯がある。灯りによく集まる。

幼虫　📷yama

成虫　📷kwbt

アカスジアオリンガ 春 夏 秋 冬

【コブガ科】 *Pseudoips sylpha*

[体]約35㎜　[開]40㎜　[分]北海道～九州　幼虫期／4～5,9～10月（蛹越冬）　成虫期／3～4,6～9月（年2化）　[食]クヌギ・コナラ

▶体はうす緑色で、緑で縁どられた薄黄色のまだら模様が一面にあるイモムシ。頭は大きく、胴は尾に向かってやや細くなる。尾脚は長くハの字に広がる。食樹の葉の裏などに、ボート型の繭をつくり蛹になる。雑木林や緑の豊かな公園で見られる。成虫は灯りに集まり、翅を屋根型にたたんでとまると大きな胸が目立つ。春型は、オスがオレンジ色の部分が多く、メスは若草色だが、夏型には違いがない。山地にすむアオスジアオリンガとはよく似ており、混生する地域もあって見分けにくいが、前翅の白いすじが平行なのが本種。

幼虫 ymst
成虫 ishi 

サラサリンガ 春 夏 秋 冬

【コブガ科】 *Camptoloma interioratum*

[体]約35㎜　[開]33～39㎜　[分]本州～九州　幼虫期／8～5月（幼虫越冬）　成虫期／6～7月（年1化）　[食]クヌギ・ナラ・カシ

▶体は円筒形でなかほどがふくらみ、黒地に黄色い波状の縦すじが一面に走るイモムシ。体節ごとにうすいオレンジ色の網目状の紋があり、全身にまばらに毛が生える。頭とその付け根の背面は黒くつやがある。糸を吐いて袋状の巣をつくり、昼間はかくれているほか、この中で冬越しする。終齢になると巣の外で活動し、昼間も木の幹などにびっしりと群れになっている。時には大発生して枝を丸坊主にすることも少なくない。落ち葉の下などに黄白色の繭をつくって蛹になる。雑木林や緑の豊かな公園などに見られる。成虫は、おもにメスが灯りに飛んで来る。

幼虫 ymst
幼虫集団 ymst 
成虫 ymst

コウスベリケンモン 春 夏 秋 冬

【ケンモンガ科】 *Anacronicta caliginea*

体約45mm　**開**43〜46mm　**分**北海道〜九州　幼虫期／6〜7,9〜10月（蛹越冬）　成虫期／5〜6,7〜8月（年2化）　**食**ススキ

▶体は黄白色で、体節ごとにうすい茶色の長い毛の束が輪のように並ぶ、ずんぐりしたケムシ。体の前半側面に1対の黒い毛の束があるものもいる。やや大きく丸い頭には網目模様があり、毛が密生する。ヒトリガの幼虫に似ているが、体節と体節の間の毛がない部分が目立ち、背面には大きく丸い、体側には小さく不規則な黒い紋が並ぶ。毛に毒はない。成長しきるとやや茶色を帯び、土に潜って厚い繭をつくり蛹になる。雑木林や山地の林のまわりのほか、草原、河原などでも見られる。成虫は樹液に集まるほか、灯りにもよく飛んで来る。

幼虫　📷 wata
成虫　📷 saka 

イチジクヒトリモドキ 春 夏 秋 冬

【ヤガ科】 *Asota ficus*

体約40mm　**開**50〜70mm　**分**本州〜琉球　幼虫期／5〜11月（蛹越冬）　成虫期／5〜10月（年3〜4化）　**食**イチジク・ガジュマル・イヌビワ・オオイタビ

▶黒い体の背面や気門に沿って不規則なうす茶色の模様があり、体節ごとにコブ状のオレンジ色の斑点が並ぶケムシ。大きな頭は黒く光沢がある。まばらに生える白い刺毛に毒はない。若齢は葉の裏で群れになり、成長するにつれて分散する。住宅地の庭や畑、公園などで見られ、秋になると数が多くなる。成虫はオレンジ色とこげ茶色の翅に白と黒の斑紋が散らばる派手な姿で、灯りに飛来する。もともと東南アジア原産で、1964年に沖縄で見つかって以来分布を広げており、2011年の段階での東限は愛知県。

幼虫　📷 yama
成虫　📷 yama

クロキシタアツバ 春夏秋冬

【ヤガ科】 *Hypena amica*

|体|約25mm　|開|28〜35mm　|分|北海道〜九州　幼虫期／6〜10月（蛹越冬）　成虫期／5〜9月（年数化）　|食|ヤブマオ・カラムシ

▶体は淡緑色〜黄白色で、側面に沿って暗い色の帯が走り、毛の生えた大小の黒い点をちりばめた細長いケムシ。色や模様の変異が大きく、全身が黒く見えるものもいる。頭はうすいオレンジ色で黒点がある。体型や動きはシャクトリムシにやや似ており、いちばん前の腹脚は退化し、尾脚は長くハの字型に広がる。枯れ葉や食草の葉を巻いて粗い繭をつくり、中で蛹になる。雑木林のまわりや道ばたなどの草地に見られる。成虫は灯りに飛んで来るほか、イタドリなどの花にも集まる。下唇が長く反り返り、翅を広げたように平らにたたんでとまると、全体が三角形に見える。

幼虫　ymst
成虫　saka

アカエグリバ 春夏秋冬

【ヤガ科】 *Oraesia excavata*

体50〜60mm　開47〜50mm　分本州〜九州・小笠原諸島　幼虫期／5〜6,7〜9月（成虫越冬）　成虫期／6〜4月（年2化）　食アオツヅラフジ

▶灰色の体に、濃淡さまざまの不規則な波状の模様や点があるイモムシ。体型や動きはシャクトリムシにやや似ており、腹脚はいちばん前が小さく退化し、尾脚は後ろに向かって突き出す。頭が胸部と接する部分はオレンジ色。雑木林や山地の林、公園、人家の庭でも見られる。成虫は翅を屋根型にたたむと背中の部分がえぐれたように見え、下唇もとがっているので枯れ葉によく似ている。鋭い口をブドウなどの果実に突き刺して汁を吸うので、害虫として嫌われる。ツバキなどの花や灯りにも集まる。

幼虫　yama
成虫　saka

アケビコノハ 春 夏 秋 冬

【ヤガ科】 *Eudocima tyrannus*

体 60～70mm　開 95～100mm　分 北海道～琉球　幼虫期／5～6,8～10月（成虫越冬）成虫期／6～4月（年2化）　食 ムベ・アケビ・ミツバアケビ・アオツヅラフジ・ヒイラギナンテン・メギ・カキ

▶常に体の前半分と尾端を高くもち上げ、頭を深く下げて、折れ曲がったような独特の姿勢をとるイモムシ。赤味を帯びたこげ茶色の体の側面にある、黄色く大きな目玉模様が目立つ、奇妙な姿でよく知られる。腹脚は、いちばん前が小さく退化し、いちばん後ろには背面にかけて黄色いレース模様がある。雑木林や山地の林、公園、人家の庭でも見られる。成虫の前翅は枯れ葉によく似ており、成虫で冬を越す。鋭い口をモモなどの果実に突き刺して汁を吸い、花や灯りにも飛んで来る。

幼虫 📷 skmt
若齢幼虫 📷 saka
成虫 📷 ishi

マメキシタバ 春 夏 秋 冬

【ヤガ科】 *Catocala duplicata*

体 約40mm　開 46～48mm　分 北海道～九州　幼虫期／4～5月（卵越冬）　成虫期／7～8月（年1化）　食 クヌギ・コナラ・アベマキ・アラカシ・ミズナラ

▶体はうす茶色～灰色で濃淡のまだら模様があり、大小の黒い点をちりばめた細長いイモムシ。尾の背面に大小2対の突起がある。体型や動きはシャクトリムシにやや似ているが、腹脚は退化しておらず、尾脚は長くハの字に開く。食樹の幹にとまっていると、背景にとけ込んで見つけにくい。驚かせると身をくねらせて下に落ちる。雑木林や山地の林、緑の豊かな公園などで見られる。成虫は翅を屋根型にたたんでとまると見つけにくいが、前翅を広げると後翅の黄色が目立つ。灯りに飛んで来るほか、樹液によく集まる。

幼虫 📷 ymst
成虫 📷 ishi

085

ムクゲコノハ 春 夏 秋 冬

【ヤガ科】　*Thyas juno*

[体]85〜90㎜　[開]85〜90㎜　[分]北海道〜琉球　幼虫期／6,8〜9月（越冬態不明）　成虫期／4〜10月（年2化）　[食]コナラ・クヌギ・クリ・オニグルミ・サワグルミ

▶茶色がかった灰色の体一面に、波状になった濃淡の縦線が細かく走る、太く大型のイモムシ。胸の後ろの側面に眼状紋、腹脚の背面に中心が黒い同心円状の紋をもち、尾の背面に黄色い1対の小さな突起がある。頭は赤茶色で口が前に突き出す。腹脚は前の2つが小さく退化し、尾脚は長くハの字型に広がる。昼間は幹などにとまっていることが多い。雑木林や山地に見られる。成虫は灯りに飛んで来るほか、樹液やリョウブなどの花にも集まる。鋭い口をブドウなどの果実に突き刺して汁を吸うので、害虫扱いされることもある。

幼虫　suzu
成虫　ishi

フクラスズメ 春 夏 秋 冬

【ヤガ科】　*Arcte coerula*

[体]70〜80㎜　[開]85㎜　[分]北海道〜琉球・小笠原諸島　幼虫期／6〜7,8〜9月（成虫越冬）　成虫期／7〜3月（年2化）　[食]コアカソ・カラムシ・ヤブマオ・ラセイタソウ・ラミー・イラクサ・マルバウツギ・カナムグラ・クワ

▶うすい黄色の体で、気門のまわりに赤い紋が並び、体側に沿って黒い帯が走るカラフルなケムシ。背面には黒く細い横じまが並び、毛はまばらで毒はない。驚かすと上体をもち上げてはげしく振るわせ、しまいには口から緑の液を吐く。大発生して食草の茂みを丸坊主にすることもある。地中に潜り蛹になる。雑木林のまわり、緑の豊かな公園、道ばた、空き地などで見られる。成虫は樹液に集まるほか灯りに飛来し、冬でも活動する。

幼虫　saku
若齢幼虫　saka
成虫　ishi

カキバトモエ 春 夏 秋 冬

【ヤガ科】　*Hypopyra vespertilio*

体 70〜75㎜　**開** 64〜78㎜　**分** 本州〜九州　幼虫期／7〜10月（蛹越冬）　成虫期／5,7〜9月（年2化）　**食** ネムノキ・フサアカシア・モリシマアカシア

▶灰白色の体に、灰色〜黒の不規則な点やまだら模様があるイモムシ。気門は黒く縁どられて目立つ。体型や動きはシャクトリムシにやや似ており、頭のつけ根がふくらむ。腹脚はいちばん前が小さく退化し、尾脚は長くハの字に広がる。終齢になると昼は食樹の根元に集まり、夜に活動し枝まで登って葉を食べる。葉をつづって繭をつくり蛹になる。雑木林や山地の林、緑の豊かな公園などでも見られる。成虫の翅の表は枯れ葉に似るが、裏は鮮やかなオレンジ色。樹液やリョウブなどの花に集まるほか、灯りにもよく飛んで来る。

幼虫　📷 fuji

成虫　📷 saka

オオトモエ 春 夏 秋 冬

【ヤガ科】　*Erebus ephesperis*

体 約70〜75㎜　**開** 90〜100㎜　**分** 北海道〜琉球・小笠原諸島　幼虫期／5〜9月（蛹越冬）　成虫期／4,6〜7,8〜9月（年3化）　**食** サルトリイバラ・シオデ

▶体はこげ茶色とうす茶色の2色に分かれ、胸脚から胸の後ろの眼状紋にかけてと、腹脚から背面にかけて、斜めに走る色の分かれ目が目立つ大型のイモムシ。腹部は太いが、胸と尾は細くすぼまり、尾脚の上は角張って盛り上がる。いちばん前の腹脚は退化している。頭はうすいオレンジ色でやや角張り、正面に茶色いすじがある。葉をつづって繭をつくり、中で蛹になる。雑木林や山地の林で見られる。成虫は巨大で灯りに飛んで来るほか、樹液や花にもよく集まる。暖かい地方では発生回数が増える多化性。

幼虫　📷 fuku

成虫　📷 ishi

カバフヒメクチバ 春 夏 秋 冬

【ヤガ科】 *Mecodina cineracea*

体約35mm　開約38mm　分本州〜九州　幼虫期／7,9〜10月（蛹越冬）　成虫期／5〜10月（年2化）　食イチジク・イヌビワ

▶うすい緑色の体の背面から体側にかけて、白い縦縞模様が目立つイモムシ。ずんぐりして体節はややくびれ、尾端がやや細くなって、尾脚が後ろに向かって突き出す。頭は丸くうす茶色。気門はこい灰色でよく目立つ。時にはイチジクの葉を食い荒らすので、害虫として嫌われる。地中に潜って土の粒をつづり、中で白い粉をうすくかぶった蛹になる。常緑広葉樹の林のほか、寺や神社、緑の豊かな公園、人家の庭などにも見られる。成虫は、前ばね前縁の黒い三角模様と、反り上がった下唇が特徴。灯りに飛んで来る。関東以西に分布し、北限は千葉県南部。

幼虫　yama
成虫　ishi 

シラホシコヤガ 春 夏 秋 冬

【ヤガ科】 *Enispa bimaculata*

体15〜20mm　開13〜15mm　分北海道〜沖縄本島　幼虫期／9〜5月（幼虫越冬）　成虫期／6〜8月（年1化）　食ムカデゴケなどの地衣類

▶細長くうす緑色で腹脚が2つ退化した、シャクトリムシに似たイモムシだが、細かい地衣類（コケに似た菌類）のかけらで、カバーのように体を厚くおおっているので、幼虫そのものを見る機会はほとんどない。カバーには背側面に3対の突起がある。スギなどの幹や岩に生えた地衣類の間にすみ、カバーが背景にまぎれて見つけにくい。地衣類におおわれたまま、小さい突起と短い柄のある繭をつくってぶら下がり、中で蛹になる。雑木林や山地の林、緑の豊かな公園、寺や神社などで見られる。成虫は灯りに飛んで来る。

幼虫　skmt
繭　skmt 
成虫　saka 

088

モモイロツマキリコヤガ 春 夏 秋 冬

【ヤガ科】 *Lophoruza pulcherrima*

🟢25〜30㎜　🟧23〜26㎜　🟩分本州〜九州　幼虫期／6〜10月（越冬態不明）　成虫期／5〜9月（年1化）　🟢食サルトリイバラ・シオデ

▶背中に3対と、尾脚の上に先が分かれた1本の突起をもつ奇妙な姿のイモムシ。突起は若齢の時は小さく、脱皮の後に急に伸びる。体はむらさき色を帯びたこげ茶色で、細かい毛でおおわれ、とぎれがちな縦すじが走る。腹脚は前の2つが退化している。シャクトリムシのように体を曲げ伸ばししながら歩き、黒い頭を下げ突起を高くもち上げて休んでいることが多い。驚かすとすぐに地面に落ちる。食草の茎を短く切って繭をつくり、蛹になる。雑木林や山地の林で見られ、成虫は灯りに集まる。

幼虫 📷ohtz

成虫 📷ishi

ホソバセダカモクメ 春 夏 秋 冬

【ヤガ科】 *Cucullia fraterna*

🟢40〜45㎜　🟧44〜47㎜　🟩分北海道〜沖縄本島　幼虫期／6〜7,9〜10月（蛹越冬）　成虫期／5〜6,8〜9月（年2化）　🟢食ハルノノゲシ・アキノノゲシ・ヤクシソウ・レタス

▶鮮やかな黄色〜明るいオレンジ色をした体の背面に、青い光沢のある黒い紋が並んだカラフルなイモムシ。体節と体節の間、胸脚や腹脚を含めた腹側、気門、頭も同じく黒い。頭には逆Vの字の白い模様がある。若齢はシャクトリムシのように歩く。秋には高く成長した食草の葉にとまっている姿がよく目立つ。地中に潜って繭をつくり蛹になる。雑木林や畑のまわり、草原、空き地、道ばたなど、開けた場所に見られる。成虫はとまると背中の毛の束が前に突き出し、灯りによく集まる。

幼虫 📷saka

成虫 📷yama

ハイイロセダカモクメ 春 夏 秋 冬

【ヤガ科】 *Cucullia maculosa*

体 約35mm　開 39〜43mm　分 北海道〜九州
幼虫期／9〜10月（蛹越冬）　成虫期／8〜9月（年1化）　食 ヨモギ

▶緑色の濃淡がある体で、体節のなかほどがそれぞれゴツゴツしたコブのように盛り上がり、その先端や気門のまわりが赤みを帯びる特異な姿のイモムシ。ヨモギが花やつぼみをつける時期だけに現れ、その上にいると背景にとけ込んで見つけにくい。歩き方はシャクトリムシに似て、静止する時は体を曲げ、胸と尾脚を高くもち上げている。秋に地中に潜って蛹になり、そのまま10ヶ月近くを過ごす。雑木林のまわり、河原、草原、空き地など、開けた場所で見られる。成虫はとまると背中の毛が高く盛り上がり、灯りやコスモスなどの花に集まる。

幼虫　📷 wata
成虫　📷 ishi

カラスヨトウ 春 夏 秋 冬

【ヤガ科】 *Amphipyra livida*

体 約40mm　開 45〜48mm　分 北海道〜九州
幼虫期／5〜6月（成虫越冬）　成虫期／7〜12月（年1化）　食 ヤブカラシ・イタドリ・バラ・ノササゲ・アマナ・タンポポ・セリ・アサ

▶体の色は青白味を帯びた緑色で、気門に沿って白い線が尾まで走る以外にはあまり特徴のない、円筒状のずんぐりしたイモムシ。体節はややくびれる。多食性でさまざまな植物を食べる。地面で落ち葉などをつづって蛹になる。雑木林や山地のほか、緑の多い町の公園や住宅の庭でも見られる。成虫は夏に羽化した後、樹皮や建物のすき間などで休眠し、秋に再び活動する。灯りに飛んで来るほか、樹液や花にも集まり、冬にヤツデなどの花で見られることもある。

幼虫　📷 suzu
成虫　📷 ishi

オオケンモン 春夏秋冬

【ヤガ科】　*Acronicta major*

体 約50mm　**開** 55〜65mm　**分** 北海道〜九州　幼虫期／6〜7,8〜10月（蛹越冬）　成虫期／5,8月（年2化）　**食** カエデ・リンゴ・スモモ・ハリエンジュ・アカシア・ヤナギ

▶背面には黒と黄色の短い毛が混生して、体節の間や尾に青黒い毛の束があり、全体は白く長い毛におおわれたケムシ。見るからに刺されそうだが毒はない。蛹になる前には毛が茶色くなる。樹皮などを噛み砕いた木くずをつづって繭をつくらないと、うまく蛹になれない。雑木林や山地のほか、緑の豊かな町なら公園や住宅の庭でも見られる。成虫は灯りに集まり、名前の由来となった剣のような黒い模様のある灰色の前翅を、広げたように平らにたたんでとまる。

幼虫　saku
成虫　kwbt

ナシケンモン 春夏秋冬

【ヤガ科】　*Viminia rumicis*

体 30〜35mm　**開** 32〜43mm　**分** 北海道〜九州　幼虫期／5〜11月（蛹越冬）　成虫期／4〜9月（年3化）　**食** ナシ・サクラ・スモモ・アブラナ・マメ・サクラタデ・ボントクタデ・ハナタデ・オオケタデ・イヌタデ・ギシギシ・ヤナギ・ポプラ・タチアオイ・ヨモギ・キショウブ

▶体の色は黒〜茶色とさまざまで、節ごとに密生した白〜赤茶色の毛の束が並ぶケムシ。黒色型では胸の後ろの背面の毛が黒く目立つ。毛に強くふれるとかゆみを感じ、皮ふが赤くはれることもあるが、すぐに治る。腹部の体側に沿ってオレンジ色の帯が走り、白いへの字型の紋が並ぶ。葉をつづって繭をつくり蛹になる。雑木林、公園、街路樹、人家の庭でも見られる。成虫は灯りに飛んで来る。

幼虫　saka
成虫　ishi

マダラツマキリヨトウ 春 夏 秋 冬
【ヤガ科】 *Callopistria repleta*

体 25~30mm　開 30～35mm　分 北海道～琉球　幼虫期／7～8,10～11月（前蛹越冬）成虫期／6～7,8～10月（年2化）　食 オニヤブソテツ・イノデ・ベニシダ・ヒメワラビなどのシダ類

▶透明感のある緑色の体の背面に、黄白色で縁どられた黒い横長の斑紋が体節ごとに並んだイモムシ。腹節の1番目と7番目の斑紋は無く、よく似たキスジツマキリヨトウとの区別点になる。気門の下に沿って波うった黒いすじが走り、頭にも黒い縦すじがある。シダの葉の上にいると、背景にまぎれて見つけにくい。秋の幼虫は、地中に作った繭の中で前蛹のまま冬を越す。雑木林や山地の林のほか、公園、市街地などのシダの生えた石垣にも見られる。成虫は灯りに集まる。

幼虫　wata
成虫　ishi 

アカバキリガ 春 夏 秋 冬
【ヤガ科】 *Orthosia carnipennis*

体 38mm　開 45～48mm　分 北海道～九州　幼虫期／4～5月（蛹越冬）　成虫期／3～4月（年1化）　食 サクラ・クヌギ・カシワ・コナラ・アベマキ・エノキ

▶白っぽい体の背中の中央と側面、気門の下に沿って白い縦すじが走り、体節ごとに黒い紋が並ぶイモムシ。頭は大きくて赤く、その付け根と尾端も黒いので派手に見える。若齢の頭は黒い。驚かすとギシギシと音を出す。食樹の葉を縦に二つ折りにしてつづり中に潜む。土に潜って蛹になり、翌春まで10ヶ月近くを過ごす。緑の豊かな公園や雑木林に見られる。成虫は春先に現れ、赤味を帯びたうす茶色の前翅に黒い紋が目立つ。灯りに飛来するほか、キブシなどの花や樹液に集まる。

幼虫　hoku
若齢幼虫　hoku 
成虫　saka

キバラモクメキリガ 春 夏 秋 冬

【ヤガ科】 *Xylena formosa*

🔲50〜55mm　🔲52〜58mm　🔲北海道〜沖縄本島　幼虫期／5〜6月（成虫越冬）成虫期／10〜4月（年1化）　🔲ナシ・サクラ・エンドウ・エニシダ・タケニグサ・イタドリ・ギシギシ・ゴボウ・キクイモ・タバコ・セキコク・クヌギ・シデコブシ

▶円筒形の体の色は、赤茶色〜緑色を帯びた茶色とさまざまで、気門に沿って走る白いすじの下側は色がうすいイモムシ。頭の付け根の黒く四角い紋が目立つ。終齢になるまでは全身が緑色を帯びる。初夏に地中に潜って繭をつくり、前蛹のまま夏を越す。広食性で、雑木林や山地の林のほか、公園、街路樹、人家の庭などでも見られる。成虫はとまると折れた木の枝に似ている。冬でもツバキなどの花や樹液に集まり、灯りにも飛んで来る。

幼虫　📷wata

幼虫　📷ishi

成虫　📷ishi

ノコメトガリキリガ 春 夏 秋 冬

【ヤガ科】 *Telorta divergens*

🔲40mm　🔲35〜41mm　🔲北海道〜九州　幼虫期／3〜5月（卵越冬）　成虫期／10〜1月（年1化）　🔲モモ・ナシ・リンゴ・ボケ・ツバキ

▶円筒形の体は灰色を帯びた茶色で、黒く細かい点が散らばるずんぐりしたイモムシ。背面にぼんやりした濃い三角の紋が並び、その両側に沿って薄い線が走る。頭の付け根の背面は固くて黒く、黄色い線で縁どられる。モモなどの花芽やつぼみに潜り込んで食べ荒らすので、モモノハナムシと呼ばれる害虫として知られ、成長すると葉を食べる。土に潜って固い繭をつくり、秋まで前蛹のまま過ごし蛹になる。緑の豊かな公園や果樹園、雑木林などに見られる。成虫は秋遅くに現れ、灯りに飛来するほか、花や樹液に集まる。

幼虫　📷hoku

成虫　📷saka

093

イモムシ・ケムシの写真を撮ろう

　イモムシ・ケムシは成虫と違って標本で残すことが難しいので、写真での記録が主になる。とくに写真で同定（種名を定めること）するには、特徴となるポイントが写っているほか、さまざまな情報も必要だ。

🟠 一眼レフでなくても撮影は可能

　現在の主流であるデジタルカメラのなかで、最もイモムシケムシの撮影に適しているのはマクロレンズをつけた一眼レフだが、コンパクトデジカメでも接写ができるマクロ機能に優れている機種なら充分に使える。何よりも取り扱いが簡単で、しかもピントが合う範囲が広いので、奥行きのあるものを撮ったり、まわりの環境を一緒に写すのにも適している。

　ただし撮影モードはカメラ任せなので、一眼レフのように被写体に応じて露出を変えたり、細かいピント合わせは難しく、交換レンズやストロボなどの周辺機器も限られる。カメラによってはオートフォーカスのピントがなかなか幼虫に合わず、イライラすることもある。

🟠 上手なイモムシケムシ写真を撮るには

[複数のアングルで撮る]
　斑紋や刺毛などは見る方向によって違い、頭に特徴がある種類も少なくないので、側面ばかりではなく背面や正面からも撮っておくとよい。

[腹脚を写す]
　腹脚の数は、グループを大きく分けるには重要なポイントなので、体の平たいシジミチョウ科などを除き、腹脚がすべて写っているのが望ましい。

[ポーズを変えるのを待つ]
　静止姿勢や威嚇姿勢に特徴があるものも多いので、一度撮影してもしばらく観察を続け、姿勢を変えるかどうか確かめてみよう。

[いた環境を記録する]
　食べていた植物やいた場所なども一緒に写しておくと同定しやすい。ただし終齢幼虫などは、必ずしも食草の上にいるとは限らないので注意。

[サイズを測るか、比較対象物を入れる]
　ものさしと並べたりグラフ用紙の上で撮れば計測する手間は省けるが、画面に余計なものが入るのがいやなら、ノートなどに記録を付けておく。

食樹・食草解説

植物用語の説明

●一年草・二年草・多年草
種から成長して、その年のうちに枯れるものが一年草、冬を越し足かけ2年にわたるものが二年草。根が生き残り毎年そこから芽を出すものが多年草。

●低木・小高木・高木
木の高さによる分類で、高木は8m以上、小高木は3〜8m、低木は3m未満が大まかな目安。

●鋸歯(きょし)
葉の縁に並んだギザギザ。

●葉柄(ようへい)
葉と枝をつなぐ細い部分。長さはさまざまで、ほとんど無い種類もある。ユズなどは葉のように幅広く発達し、翼と呼ばれる。

●距(きょ)
スミレやホウセンカなど、花びらの一部が変化して細い袋状になったもの。蜜がたまっているが、口吻の長い昆虫でないと吸えない。

●雄花・雌花・雌雄異株(しゆういしゅ)
花粉を作るおしべと実がなるめしべが別々の花にあるもの。雄花と雌花が別の株に咲くヤナギなどは、雌雄異株と呼ばれる。

●小葉(しょうよう)・複葉(ふくよう)
小さな小葉が集まって一つの葉になっているものが複葉。

3小葉　　奇数羽状複葉　　2回偶数羽状複葉

●**対生・互生**
　茎から生える葉の配置で、同じ場所から対につくものが対生、互い違いにつくものが互生。

対生　　互生

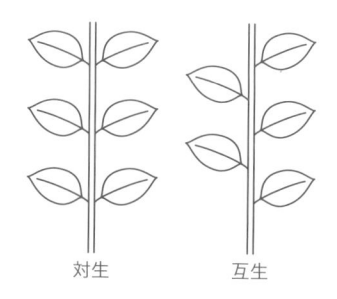

●**殻斗**
　ドングリの実などが納まっているカプセル状のもの。

●**園芸品種**
　色や姿、味などを楽しむため、人間の手で交配するなどして特性を強調された植物。サクラの場合、ヤマザクラは野生種だが、ソメイヨシノは園芸品種。

●**亜種**
　生えている地域間で長い年月のあいだ交流がなかったために、それぞれの環境に合わせて違った姿に進化したもの。別亜種同士でも代々子孫は残せる。

●**在来種**
　人間の手で移動されたものではなく、もともとその場所に生息していた種類。

●**帰化植物**
　もともと生えていない場所に人間の手でもち込まれ、野生化した植物。

ヒノキ

【ヒノキ科】 *Chamaecyparis obtusa*

常緑樹　高木　分東北以南の本州〜九州　特細く平たい鱗のような葉が、細かく枝分かれしてつく代表的な針葉樹。春に咲く雄花はスギほどは目立たないが、花粉症の原因になる花粉を飛ばす。雌の球果は丸い。幹はまっすぐにのびて、50メートルを超える大木もある。

▶スギと並んで盛んに植林され、材木の香りがよく耐久性があるので、より高級品として扱われる。チャボヒバなど観賞用の小型の品種も多く、生垣や植込みに使われる。尾根や急斜面のような、やせて乾いた土地にも生える。葉のほか、幹や枝、根などを多くの昆虫が食べる。

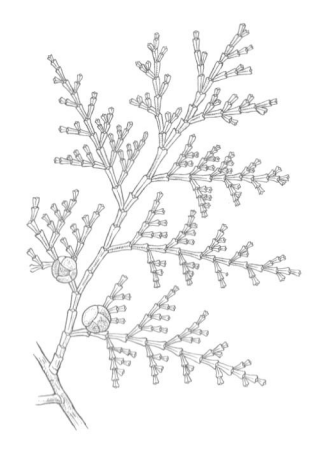

●この植物を食べる幼虫
クロクモエダシャク（66）スギドクガ（75）ウチジロマイマイ（78）

スギ

【ヒノキ科】 *Cryptomeria japonica*

常緑樹　高木　分本州〜九州　特針のようにとがった短く硬い葉が、枝にらせん状につく代表的な針葉樹。早春に楕円形の雄花ととげにおおわれた丸い雌の球花が咲き、大量の花粉をまき散らすので花粉症の原因となる。幹はまっすぐにのびて、日本で最も大きくなる木の一つ。

▶建材から割りばしまで、日本人に最もよく利用されている木の一つ。植林されている面積も広く、園芸品種も少なくない。葉を食べるガの幼虫のほかに、幹や枝にもぐり込む甲虫などの幼虫も多く、時に大発生して大きな害を与える。空気の汚れに弱いので、大都市には少ない。

●この植物を食べる幼虫
スギドクガ（75）
●共通する幼虫が食べる植物
ヒノキ（98）

クスノキ

【クスノキ科】 *Cinnamomum camphora*

常緑樹　高木　**分**関東以西の本州〜琉球　**特**葉は楕円形で先がややとがり、長い葉柄がある。表面にはつやがあってやや厚く、縁に鋸歯はない。5〜6月ごろにうすい黄緑色の目立たない花をつけ、秋には小さな黒い実が熟す。新芽は赤く美しい。葉をもむとよい香りがする。

▶暖かい地方の寺や神社に昔からの大木が多い。成長が早く、汚れた空気にも強いので、都市の公園や街路樹にも盛んに植えられる。虫よけに使うショウノウの原料になるせいか、葉や枝を食べる昆虫は少ないが、クスベニカミキリが枝の先をかみ切って枯らすことが少なくない。

● この植物を食べる幼虫
アオスジアゲハ（26）オオミノガ（47）チャミノガ（47）シンジュサン（56）ツマジロエダシャク（64）ヒロヘリアオイラガ（庭34）クスサン（庭45）

モクレン

【モクレン科】 *Magnolia quinquepeta*

落葉樹　低木　**分**栽培種　**特**3〜4月の葉が開くのと同時に、外側が赤紫〜ピンク色、内側が白い6枚の花弁の、強い香りのする花を木全体につける。葉は互生で卵型で先がとがる。冬芽は大きく細かい毛におおわれる。秋にゴツゴツした鱗状の実が割れて赤い種子が顔を出す。

▶人家の庭木や公園、街路樹などによく植えられ、交配種も多い。シモクレンとも呼ばれる。3〜5メートルの本種に比べ、花の白いハクモクレンは20メートルを超す高木になるが、利用する昆虫は同じ。どちらも中国南部が原産で、原始的な特徴をもつ花の一つ。

● この植物を食べる幼虫
コブシハバチ（18）オオアヤシャク（69）
● 共通する幼虫が食べる植物
コブシ

サルトリイバラ

【サルトリイバラ科】 *Smilax china*

落葉樹　つる性半低木　分北海道〜琉球　特葉は円に近いハート形で互生し、表面にはつやがあって固く鋸歯は無い。葉柄の付け根から短い巻きひげをのばし、他のものにからみついて3メートルほどまで成長する。つるには鋭いトゲがある。雌雄異株で春に黄緑色の花をつけ、秋には赤い実が房のように実る。

▶雑木林のへりなどの日当たりが良い場所に生え、ヤブになって茂ることも多い。名前はトゲがひっかかるので猿も捕まるという意味。関西ではもちを包むのに葉が利用される。実は生け花にも使う。別名サンキライ。

●**この植物を食べる幼虫**
オオトモエ（87）モモイロツマキリコヤガ（89）ルリタテハ（庭27）
●**共通する幼虫が食べる植物**
シオデ

アワブキ

【アワブキ科】 *Meliosma myriantha*

常緑　高木　分本州〜九州　特葉は長い楕円形で先がややとがり、大きくてうすく裏に毛が生える。葉脈が20〜30と多く、縁には小さい鋸歯がある。芽吹いたばかりの若葉は枝からたれ下がる。6〜7月ごろに白く小さい目立たない花を房のようにつけ、秋には赤い実が熟す。枝に水分が多く、火にくべると泡を吹くことから名づけられたという。

▶丘陵地から山地にかけての谷川沿いなどによく生える。食樹としている種類は少ない。花は良い香りがするので、カメムシなどが集まる。

●**この植物を食べる幼虫**
アオバセセリ（19）スミナガシ（40）チャバネフユエダシャク(67)
●**共通する幼虫が食べる植物**
ミヤマハハソ・ヤマビワ

アケビ

【アケビ科】 *Akebia quinata*

落葉樹　つる性低木　分本州〜九州　特複葉の小葉が5枚のアケビと、3枚で浅い鋸歯のあるミツバアケビがおもに知られ、ほかの木などに巻きついて長くのびる。3〜4月に紫色の3枚のがく片のある花が、多数たれ下がって咲く。秋に実る紫色を帯びただ円形の実は熟すと縦に割れ、中の果肉は食べられる。林のへりなどに多い。

▶若芽も食用にするほか、つるはカゴなどの材料として使われる。トキワアケビとも呼ばれる常緑のムベは、人家のフェンスなどにからませて目隠しとすることもある。どの種類も食べる幼虫は共通。ハバチも葉を食う。

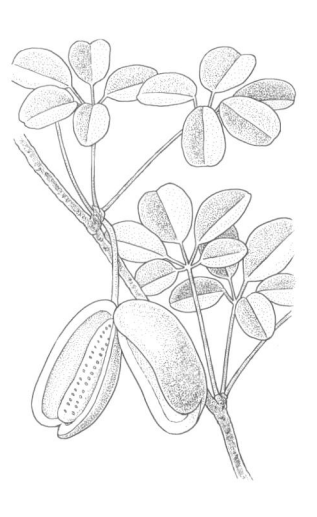

◉この植物を食べる幼虫
アケビコンボウハバチ（16）ヒメクロホウジャク（61）アケビコノハ（85）
◉共通する幼虫が食べる植物
アオツヅラフジ

ウツギ

【ユキノシタ科】 *Deutzia crenata*

落葉樹　低木　分北海道南部〜九州　特葉は楕円形で先がややとがり、細かい鋸歯がある。裏表に固い毛が生えてざらつき、短い葉柄で対生する。5〜7月ごろ、分かれた枝の先に5枚の花弁がある白い花を房のようにたくさん咲かせる。樹高は2〜3メートル。

▶雑木林、林道の道ばたや斜面、谷川沿いなどの明るい環境に生え、生垣にも使われる。別名「卯の花」。花にはチョウやハチ、カミキリムシなどの甲虫が蜜や花粉を求めて集まる。タニウツギなどのスイカズラ科の植物と混同されやすいが、食草とする昆虫に共通性はない。

◉この植物を食べる幼虫
トラフシジミ（32）ヒメヤママユ（57）マメドクガ（庭66）クワゴマダラヒトリ（庭69）

コマツナギ

【マメ科】 *Indigofera pseudotinctoria*

落葉樹　小低木　分本州〜九州　特高さは40〜100センチで草のように見える。葉は7〜13枚の奇数羽状複葉で、楕円形の鋸歯がない小葉がつき、夜になると閉じる。6〜9月にピンク色の花を房状につけた穂が立ち上がって咲く。秋にはさやに入った実が熟す。

▶道ばた、草原、河原や土手など、日当たりのよい乾いた土地に生える。草刈りには強いが日陰を嫌う。茎は細いが丈夫で、駒（馬）がつなげるほど強いという意味でこの名がついた。土手の緑化などに使われる中国産のトウコマツナギも、同じように昆虫に利用される。

●この植物を食べる幼虫
シルビアシジミ（33）ミヤマシジミ（35）キタキチョウ（庭19）モンキチョウ（庭20）ツバメシジミ（庭24）
●共通する幼虫が食べる植物
ウマゴヤシ

ハリエンジュ

【マメ科】 *Robinia pseudoacacia*

落葉樹　高木　分栽培種　特葉は奇数羽状複葉で互生し、鋸歯のない楕円形の小葉をつける。葉の付け根には一対の鋭いトゲがある。5〜6月に強い香りのする白い花が、房のようにたれ下がって咲き、秋には平たいさやに入った種子が実る。樹皮には縦に割れ目が多い。

▶北アメリカ原産で、公園や街路樹に植えられるほか、荒れ地の緑化にも使われたため各地で野生化し、雑木林や河原などにもよく生えている。花は食べられるが葉には毒がある。一名ニセアカシア。ガやチョウの幼虫が花や葉を食べるほか、花にはハチやアブが集まる。

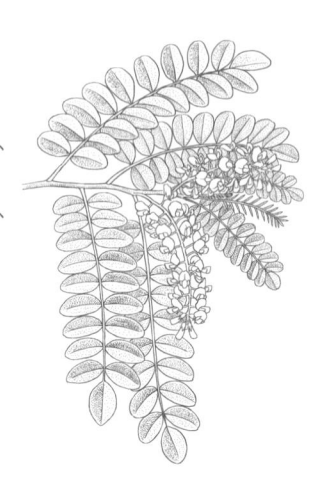

●この植物を食べる幼虫
トラフシジミ（32）オオケンモン（91）キタキチョウ（庭19）モンキチョウ（庭20）ルリシジミ（庭24）コミスジ（庭26）トビイロスズメ（庭46）オオエグリシャチホコ（庭64）
●共通する幼虫が食べる植物
フジ（庭87）

クヌギ

【ブナ科】 *Quercus acutissima*

落葉樹　高木　**分**本州〜九州　**特**葉は先がとがって細長く、葉脈につながった鋭い鋸歯がある。芽吹きと同時にひもがぶら下がったような花をつけ、翌年の秋に反り返った太いイガに包まれた丸いドングリが実る。樹皮は厚く、深い割れ目ができる。直立して高さ15メートルほどに成長するが、雑木林では切り株から何本も生えたり、2メートルほどの高さで枝分かれしている低い木が多い。よく似たアベマキは葉の裏が白く、樹皮が厚い。

▶切り株から芽を出す力が強いので、炭やまきとして利用するために15〜20年おきに伐られ、コナラとともに雑木林を構成している。中国原産ともいわれている。ガやチョウの食樹として最も重要な植物の一つで、100種以上が葉を食べる。また、葉や茎の汁を吸うカメムシやウンカ、幹に食い込むカミキリムシの幼虫、枯れた朽ち木を食べるクワガタムシの幼虫など、さまざまな部分をエサとして利用する昆虫の種類は、他の植物に比べ飛び抜けて多い。

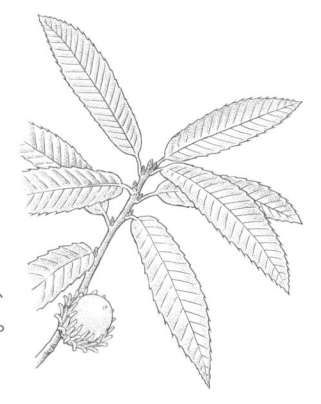

●この植物を食べる幼虫
ミヤマセセリ（19）ムラサキシジミ（29）ミズイロオナガシジミ（30）アカシジミ（30）ウラナミアカシジミ（31）オオミドリシジミ（32）タイワンイラガ（49）クロウスムラサキノメイガ（52）クロスジキンノメイガ（53）リンゴカレハ（55）シンジュサン（56）ヤママユ（56）ヒメヤママユ（57）ウスタビガ（57）ウコンカギバ（63）スカシカギバ（64）チャバネフユエダシャク（67）ニトベエダシャク（67）ヒロバトガリエダシャク（68）ヒメカギバアオシャク（70）カギシロスジアオシャク（70）ホソバシャチホコ（73）アカヒゲドクガ（75）リンゴドクガ（76）マイマイガ（77）リンゴコブガ（81）アカスジアオリンガ（82）サラサリンガ（82）マメキシタバ（85）ムクゲコノハ（86）アカバキリガ（92）キバラモクメキリガ（93）ナシイラガ（庭30）ヒメクロイラガ（庭31）イラガ（庭31）テングイラガ（庭32）アカイラガ（庭32）ムラサキイラガ（庭33）クロシタアオイラガ（庭34）クヌギカレハ（庭43）オビカレハ（庭44）クスサン（庭45）トビモンオオエダシャク（庭58）ハスオビエダシャク（庭59）ツマキシャチホコ（庭62）セダカシャチホコ（庭63）オオトビモンシャチホコ（庭64）マメドクガ（庭66）ヒメシロモンドクガ（庭66）カシワマイマイ（庭67）モンシロドクガ（庭68）オオシマカラスヨトウ（庭75）
●共通する幼虫が食べる植物
コナラ（104）・アベマキ・アラカシ（庭88）

コナラ

【ブナ科】 *Quercus serrata*

常緑樹　高木　分 北海道〜九州　特 葉は付け根が細くなった長い卵形で、縁には粗い鋸歯がある。芽吹きと同時にひもがぶら下がったような花をつけ、その年の秋に鱗状の殻斗に入ったドングリが実る。樹皮は灰色で縦に不規則にひび割れるが、割れ目はクヌギほど深く密ではない。自然状態では巨木になるが、雑木林では切り株から何本も生えた低い木が多い。よく似たミズナラは山地に多く、鋸歯が大きく葉柄はほとんどない。

▶クヌギとともに人間に手入れされた雑木林を構成するが、山地には自然の林もある。葉を食べる昆虫はクヌギと共通のものがほとんどで、ガやチョウの食樹ばかりでなく昆虫のエサとして同じように重要。クヌギと同様に樹液に集まるオオムラサキなどの昆虫も多い。このため、クヌギやコナラの雑木林で見られる昆虫は、多様性に富んでいる。ただし使われなくなった雑木林は、放置されてヤブや常緑樹が茂り、昆虫の種類も少なくなる。

●**この植物を食べる幼虫**
ミヤマセセリ（19）ムラサキシジミ（29）ミズイロオナガシジミ（30）アカシジミ（30）ウラナミアカシジミ（31）オオミドリシジミ（32）チャミノガ（47）シリグロハマキ（49）クロウスムラサキノメイガ（52）ヤママユ（56）ウスタビガ（57）エゾヨツメ（58）ウコンカギバ（63）チャバネフユエダシャク（67）ニトベエダシャク（67）ヒメカギバアオシャク（70）カギシロスジアオシャク（70）ホソバシャチホコ（73）クロテンシャチホコ（73）アカヒゲドクガ（75）リンゴドクガ（76）リンゴコブガ（81）アカスジアオリンガ（82）サラサリンガ（82）マメキシタバ（85）ムクゲコノハ（86）アカバキリガ（92）アカイラガ（庭32）クヌギカレハ（庭43）オオミズアオ（庭45）クスサン（庭45）クチバスズメ（庭47）オオトビスジエダシャク（庭57）オカモトトゲエダシャク（庭57）ウスバフユシャク（庭60）ギンシャチホコ（庭62）ツマキシャチホコ（庭62）セダカシャチホコ（庭63）オオトビモンシャチホコ（庭64）マメドクガ（庭66）カシワマイマイ（庭67）モンシロドクガ（庭68）クワゴマダラヒトリ（庭69）アメリカシロヒトリ（庭70）キシタバ（庭72）オオシマカラスヨトウ（庭75）
●**共通する幼虫が食べる植物**
クヌギ（103）・ミズナラ・アラカシ（庭88）

ハンノキ

【カバノキ科】 *Alnus japonica*

常緑樹　高木　分 日本全国　特 葉は長い楕円形でやや長い葉柄があり、付け根も先もとがって、縁には小さな鋸歯が並ぶ。葉が芽生える前の2月ごろに花を咲かせ、たくさんの雄花が長い穂のようにたれ下がるのでよく目立つ。幹や枝には灰色で横長のコブが一面にある。山地には丸い葉のヤマハンノキが多く、食べる幼虫は共通。

▶川沿いや湿地、休耕田などに好んで生え、ハンノキだけの林となる場合も少なくない。ハバチ、チョウ、ガの幼虫のほかにも、ハムシの仲間は幼虫、成虫ともに葉を食べ、カミキリムシの幼虫も枝や幹に食い込む。

●この植物を食べる幼虫
ミドリシジミ（31）チャミノガ（47）エゾヨツメ（58）チャバネフユエダシャク（67）マイマイガ（77）イラガ（庭31）シャチホコガ（庭61）
●共通する幼虫が食べる植物
ヤシャブシ

クルミ

【クルミ科】 *Juglans sp.*

落葉樹　高木　分 北海道～九州　特 日本からは数種類が知られる。代表的なオニグルミでは、葉は大きな羽状複葉で細かい毛が生え、11～19枚の先がとがった鋸歯のない小葉がつく。5月頃に花を咲かせ、小さな雄花は集まってひものようにぶら下がる。秋には緑色の丸い果実が実り、中に固い実が入っている。大木になるが枝の数は少なく、川沿いのしめった場所などによく生える。

▶食用に売られているカシグルミ（テウチグルミ）はユーラシア西部原産で、小葉は丸みがあり、長野県などでよく栽培される。食べる幼虫は他のクルミと共通。

●この植物を食べる幼虫
オオミノガ（47）タイワンイラガ（49）ヒメヤママユ（57）ヒロバトガリエダシャク（68）バイバラシロシャチホコ（71）ムラサキシャチホコ（72）ムクゲコノハ（86）クスサン（庭45）オカモトトゲエダシャク（庭57）チャエダシャク（庭58）

ポプラ

【ヤナギ科】 *Populus nigra var. italica*

落葉樹　高木　分栽培種　特ポプラとはヤマナラシの仲間の総称で多くの種類があるが、一般的にはセイヨウハコヤナギを指す。葉は丸みを帯びた三角型で先が鋭くとがり、細かい鋸歯がある。葉柄が長いので風が吹くとヒラヒラとひるがえる。春に綿毛のついた種子を飛ばす。

▶ほうきを逆さにしたような細長い樹型で、公園、学校、街路樹などによく植えられる。日本には明治時代に伝わり、札幌のポプラ並木は有名。多くのガやハムシの幼虫が葉を食べるほか、カミキリムシなど甲虫の幼虫が枝や幹にもぐり込み、そのために枯れてしまう場合もある。

● この植物を食べる幼虫
ポプラハバチ（17）コムラサキ（42）ポプラヒメハマキ（50）オオキノメイガ（52）ナカグロモクメシャチホコ（72）リンゴドクガ（76）ナシケンモン（91）ウチスズメ（庭47）ツマアカシャチホコ（庭65）セグロシャチホコ（庭65）ヒメシロモンドクガ（庭66）

● 共通する幼虫が食べる植物
ヤナギ（庭89）

クワ

【クワ科】 *Morus alba*

落葉樹　高木　分栽培種　特多くの品種や野生種があり、葉は同じ種類でもハート形から切れ込みのあるものまでさまざま。長い柄をもち縁にはやや粗い鋸歯がある。葉や茎をちぎると白い液が出る。雌雄異株で春に細かい房のような目立たない花をつけ、6月ごろに甘く食べられる実が黒紫色に熟す。林の縁などに生える。

▶代表的なトウグワは中国原産とされ、昔から絹糸をとるカイコのエサとして全国で栽培されてきた。実からジャムや果実酒をつくる。多くのガの幼虫のほか、カイガラムシなどが葉の汁を吸い、カミキリムシが茎に潜り込む。

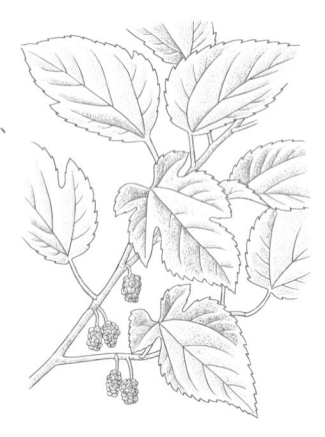

● この植物を食べる幼虫
シリグロハマキ（49）クワノメイガ（53）クワコ（55）キハラゴマダラヒトリ（80）ヒトリガ（81）アカイラガ（庭32）ミダレカクモンハマキ（庭39）ワタヘリクロノメイガ（庭40）ヒメシロモンドクガ（庭66）スジモンヒトリ（庭69）クワゴマダラヒトリ（庭69）アメリカシロヒトリ（庭70）シロシタヨトウ（庭78）

イヌビワ

【クワ科】 *Ficus erecta*

落葉樹　低木　分関東以西の本州～琉球　特葉は長い楕円形で先がとがり、表面につやがあって厚く、鋸歯はない。雌雄異株で高さは3～5メートルに成長する。雄株も雌株も実のように見える「花のう」を5月ごろにつけ、雌株では晩秋から冬に黒紫色に熟して、甘く食用になる。

▶海岸の近くや林の中によく生える。雄株の花のうにはイヌビワコバチが卵を産み、かえった幼虫は内部を食べて成長し、羽化したオスとメスもそこで交尾をして、メスだけが外に出る。枯れたり弱った枝には、さまざまなカミキリムシの幼虫が潜り込んでエサにする。

●この植物を食べる幼虫
イシガケチョウ（40）イチジクヒトリモドキ（83）カバフヒメクチバ（88）
●共通する幼虫が食べる植物
イチジク

ノイバラ

【バラ科】 *Rosa multiflora*

落葉樹　半つる性低木　分北海道南西部～九州　特葉は7～9枚の奇数羽状複葉で、先がとがった楕円形の小葉には細かい鋸歯がある。茎には鋭いトゲがあり、高さは1～2メートルだが、他のものに寄りかかると数メートルまで伸びる。5～6月に5枚の花弁をもつ白い花を房のようにつけ、秋にはつやのある赤い実がなる。

▶道ばた、草原、河原、林の縁などの日当たりのよい場所に生える。実が薬になるほか、園芸品種のバラを接ぎ木する台木に使われる。多くの種類の昆虫が、葉、花、茎を食べるほか、花にもチョウやハチ、甲虫が集まる。

●この植物を食べる幼虫
ヤクシマルリシジミ（35）キエダシャク（68）チュウレンジバチ（庭12）フタナミトビヒメシャク（庭61）
●共通する幼虫が食べる植物
バラ（庭91）

エノキ
【ニレ科】 *Celtis sinensis*

落葉樹　高木　**分**本州〜九州　**特**葉は左右が非対称な楕円形で先がややとがり、先端半分の縁には粗い鋸歯がある。葉脈は付け根から三つに分かれ、枝分かれする。秋には黄色く紅葉する。4〜5月ごろに目立たない雄花と雌花をつけ、秋には赤茶色の丸い実が熟す。樹皮は灰色でざらざらしている。大木になり枝は横に広がる。

▶雑木林などに生えるほか、神社や人里近くによく植えられる。実を食べた鳥が落したフンから芽生えたものも道ばたなどで見られる。エノキのない北海道ではエゾエノキを同じ種類が食樹にする。タマムシが幹を食べる。

●この植物を食べる幼虫
ホシアシブトハバチ（16）テングチョウ（36）ヒオドシチョウ（41）アカボシゴマダラ大陸亜種（43）ゴマダラチョウ（43）オオムラサキ（44）タカオシャチホコ（74）アカバキリガ（92）ウスバツバメガ（庭37）クスサン（庭45）ウスバフユシャク（庭60）マメドクガ（庭66）オオシマカラスヨトウ（庭75）

カラスザンショウ
【ミカン科】 *Zanthoxylum ailanthoides*

落葉樹　高木　**分**本州〜琉球　**特**葉は長さが1メートル近くにもなる大きな奇数羽状複葉で、細長い小葉は先が鋭くとがり縁は細かく波うつ。葉の軸から枝、幹まで鋭いトゲが生える。7〜8月に長くのびた花序の先に細かい花を房状につけるが、雄花と雌花は違う木に咲く。

▶海岸の近くや暖かい地方の山地の道ばたなど、日当たりのよい場所に生え、成長が早い。実には香りがあるがサンショウのように食用にはならないので、この名がついた。チョウやガの幼虫が葉を食べるほか、花にはチョウやハチ、ハナムグリなどが蜜や花粉を求めて集まる。

●この植物を食べる幼虫
オナガアゲハ（25）シンジュサン（56）アゲハ（庭17）クロアゲハ（庭17）モンキアゲハ（庭18）カラスアゲハ（庭19）
●共通する幼虫が食べる植物
サンショウ・キハダ

ケヤキ

【ニレ科】 *Zelkova serrata*

落葉樹　高木　分本州〜九州　特葉はうすく長い楕円形で先端に向かって細くとがり、葉脈につながった鋭い鋸歯がある。表面がざらつき、秋には茶色く色づく。z〜5月ごろに雄花と雌花が咲くが、ほとんど目立たない。大木になり、ほうきを逆さにしたような樹型になる。樹皮は灰白色でよくはがれ、短い横縞の模様がある。

▶川沿いの斜面などに生えるほか、街路樹、神社、公園、農家の防風林などによく植えられる。斑入りなどの園芸品種もある。チョウやガの幼虫のほか、甲虫が葉を食べ、カミキリムシやタマムシの幼虫が幹や枝に潜り込む。

●この植物を食べる幼虫
ヒオドシチョウ（41）アカタテハ（42）ウスタビガ（57）ウンモンスズメ（59）チャバネフユエダシャク（67）ヒロバトガリエダシャク（68）マイマイガ（77）キドクガ（78）ナシイラガ（庭30）ヒメクロイラガ（庭31）ヒロヘリアオイラガ（庭34）クスサン（庭45）マエキオエダシャク（庭55）オカモトトゲエダシャク（庭57）ウスバフユシャク（庭60）スジモンヒトリ（庭69）
●共通する幼虫が食べる植物
ハルニレ

コクサギ

【ミカン科】 *Orixa japonica*

落葉樹　低木　分本州〜九州　特葉は先がややとがった楕円形で付け根が細くなり、つやがあって薄く鋸歯はない。右右、左左と2枚ずつ互生するのが特徴。4月ごろに黄緑色の目立たない花をつけ、雄花と雌花が別々の木に咲く。実は平らで丸いカプセルのような形で、2つに開き黒い種子をはじき飛ばす。樹高は1〜3メートル。

▶谷川沿いや林の下生えなど、湿った日陰にヤブのようになって生える。名前は葉に特有の匂いがあることに由来する。葉を食べる昆虫は少なく、アゲハチョウの仲間でも決まった種類しか食草にしない。

●この植物を食べる幼虫
オナガアゲハ（25）モンキアゲハ（庭18）カラスアゲハ（庭19）
●共通する幼虫が食べる植物
カラスザンショウ（00）

ミズキ

【ミズキ科】　*Swida controversa*

常緑樹　高木　分北海道〜九州　特葉は卵形〜楕円形で先端がやや突き出してとがり、縁は波うって鋸歯はない。葉柄は長く枝の先に輪になって互生する。5〜6月に白い小さな花を房状に咲かせ、秋には黒紫色の実が熟す。直立した幹から枝が棚のように横にはり出す。

▶川沿いや道ばたなど、日当たりが良い場所に生え、成長が早い。柔らかい木なのでこけしの材料などに使われる。水をよく吸い上げ、春先に枝を切るとしたたり落ちることからこの名がついた。花には甲虫がよく集まる。

●この植物を食べる幼虫
トラフシジミ（32）スギタニルリシジミ（34）ヒメヤママユ（57）アゲハモドキ（62）キアシドクガ（77）ルリシジミ（庭24）トビモンオオエダシャク（庭58）ハスオビエダシャク（庭59）エグリヅマエダシャク（庭59）アメリカシロヒトリ（庭70）
●共通する幼虫が食べる植物
クマノミズキ・ヤマボウシ

アセビ

【ツツジ科】　*Pieris japonica*

常緑樹　低木　分本州〜九州　特葉は長い楕円形でつやがあって固く、粗い鋸歯がある。2〜4月につぼのような形の白い花が、枝の先に房状にたれ下がって咲く。秋には丸い実がなる。樹高は1〜4m。

▶山地の日当たりのよい場所に生え、庭や公園にも植えられる。花がピンク色の園芸品種もある。木全体に有毒成分を含み、人間や家畜が食べると危険。馬が酔ったようになるので漢字で馬酔木と書く。食草としている昆虫は、毒を体に取り込んで身を守っているともいわれる。花にはアブやハチ、チョウなどが蜜を吸いに集まる。

●この植物を食べる幼虫
コツバメ（33）ヒョウモンエダシャク（65）ビロードハマキ（庭38）

イボタノキ

【モクセイ科】 *Ligustrum obtusifolium*

落葉樹　低木　分北海道〜九州　特葉は小さく、鋸歯の無い長い楕円形で、細い枝に対生するので偶数羽状複葉のように見える。5〜6月ごろに先が4つに分かれた筒状の白い花を房のようにつけ、秋には黒紫色の丸い実が熟す。高さ1〜2メートルほどに成長し、枝は細かい。

▶谷川沿いや林の縁など、ややしめった場所に生える。昔は枝の汁を吸うイボタロウカイガラムシを集めてロウをとった。花にはチョウやハチ、ハナムグリなどがよく集まる。チョウやガのほか、ハバチやハムシの幼虫も葉を食べる。

●この植物を食べる幼虫
ウラゴマダラシジミ（29）イボタガ（58）クロネハイイロヒメハマキ（庭39）マエアカスカシノメイガ（庭41）シモフリスズメ（庭49）コエビガラスズメ（庭49）サザナミスズメ（庭50）
●共通する幼虫が食べる植物
ネズミモチ（庭96）

ガマズミ

【スイカズラ科】 *Viburnum dilatum*

常緑樹　低木　分北海道西南部〜九州　特葉は円形〜ひし形と変異が多く、葉脈が縁近くでいくつにも枝分かれしてしわが多い。あらい毛が生えて縁には浅い鋸歯があり、葉柄は短く対生する。5〜6月に白く小さな花が平たく集まって咲き、秋には食べられる赤い実が熟す。高さ2〜3メートルに成長する。

▶雑木林のへりなどに生え、実が美しいので庭にも植えられる。花にはさまざまなカミキリムシやコガネムシ、アブなどが集まる。ガの幼虫のほか、ハムシの幼虫が葉を食べる。チョウの幼虫は花を食べる。

●この植物を食べる幼虫
コツバメ（33）シリグロハマキ（49）ヒメヤママユ（57）サツマシジミ（庭25）シモフリスズメ（庭49）コエビガラスズメ（庭49）アシベニカギバ（庭54）クワゴマダラヒトリ（庭69）

シダ類

【シダ植物】 *Polypodiophyta*

草本　分日本全国　特種子で増える一般の植物と違い、胞子で殖えるグループの一つ。日本からは600種以上が確認され、葉の長さが数ミリのものから2メートルを超えるものまでさまざま。ワラビ、シノブ、ウラジロなどが身近で知られ、くしの歯状の葉をもつものが多い。

▶ゼンマイやクサソテツのように、湿った場所に生えるものが多いが、ワラビのように日当たりのよい乾いた草原に生える種類もある。山菜として食用にされ、観賞用に栽培されるものもある。葉を食べる昆虫はあまり多くはないが、ガやハバチの幼虫が知られている。

●この植物を食べる幼虫
マダラツマキリヨトウ（92）

ススキ

【イネ科】 *Miscanthus sinensis*

多年草　分日本全国　特高さ2メートルほどの直立した茎が株になってのび、細長い葉が密につく。茎の先は枝分かれして、たくさんの小穂をつけ、秋遅くになると白い毛の生えた種を飛ばす。雑木林のまわりや河原など、日当たりがよくやや乾いた場所に生える。

▶十五夜の月見に欠かせない秋の七草の一つとして知られ、カヤ、尾花とも呼ばれる。昔は家畜のエサ、かやぶき屋根の材料、肥料として活用された。昆虫にとって重要な植物で、チョウやガの幼虫のほか、ウンカやカメムシが汁を吸い、キリギリスやバッタの仲間が葉をかじる。

●この植物を食べる幼虫
ギンイチモンジセセリ（20）ホソバセセリ（20）ヒメキマダラセセリ（22）チャバネセセリ（22）ミヤマチャバネセセリ（23）ヒメウラナミジャノメ（44）コジャノメ（46）ヨシカレハ（54）ウスキシャチホコ（74）コウスベリケンモン（83）オオチャバネセセリ（庭14）イチモンジセセリ（庭15）キマダラセセリ（庭15）ヒメジャノメ（庭29）クロコノマチョウ（庭29）タケカレハ（庭42）
●共通する幼虫が食べる植物
ヨシ（113）

ウマノスズクサ

【ウマノスズクサ科】 *Aristolochia debilis*

多年草　分 関東以西の本州〜九州　特 よく枝分かれして2メートルほどにのびるつる性植物。葉は長いハート形で先端は丸みを帯び、互生し特有の匂いがある。夏に咲く花は長いラッパのような形で付け根が丸くふくらむが、条件が良くないと咲かない。実をつけることはまれ。

▶林の縁や川の土手などに生えるが、場所は限られる。薬草として使われることもある。近縁のオオバウマノスズクサは海岸近くに多く、琉球列島のリュウキュウウマノスズクサは常緑で、共につる性低木。両種ともジャコウアゲハの食草だが、ホソオチョウは食べない。

●この植物を食べる幼虫
ホソオチョウ（24）ジャコウアゲハ（25）

ヨシ

【イネ科】 *Phragmites communis*

多年草　分 日本全国　特 茎は高さ1〜3メートルほどに直立し、葉はススキのように細長くはのびない。茎の先は枝分かれしてたくさんの小穂をつけ、秋遅くになると白い毛の生えた種を飛ばす。根はつるのように地中を横にのび、株立ちにはならない。河原のような日当たりのよいしめった場所から、川や池の岸辺の水中にも生える。

▶枯れた茎から「よしず」を作るほか、波や流れの力を和らげ、汚れた水を浄化する働きもある。チョウやガの幼虫のほか、ウンカやカメムシが汁を吸う。ヨシ原はさまざまな生き物のすみかとしても重要な場所。

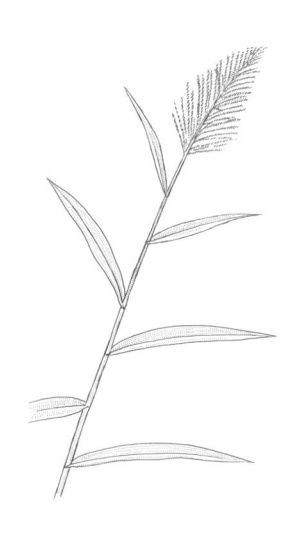

●この植物を食べる幼虫
チャバネセセリ（22）ミヤマチャバネセセリ（23）ヨシカレハ（54）ウスキシャチホコ（74）スゲドクガ（76）オオチャバネセセリ（庭14）イチモンジセセリ（庭15）クロコノマチョウ（庭29）タケカレハ（庭42）
●共通する幼虫が食べる植物
ススキ（112）

ギシギシ

【タデ科】 *Rumex japonicus*

多年草　分 日本全国　特 高さ60～100センチほどのびた茎に、先がとがり縁が波うった長い葉をつける。根元の葉は大きく長い柄があり、冬は地面に貼りついたようなロゼット状になる。5～7月に茎の先や葉の付け根から、たくさんの花をつけた穂をのばす。

▶やや湿った道ばた、草地、川の土手、田んぼや小川の縁などに生える。都市にはヨーロッパ原産の移入種で大型のエゾノギシギシやアレチノギシギシが多い。チョウやガ、ハバチの幼虫のほか、ハムシ類が葉を食べ、荒らされて穴だらけになっていることが多い。

●この植物を食べる幼虫
ハグロハバチ (18) シロヒトリ (80) ナシケンモン (91) キバラモクメキリガ (93) ベニシジミ (庭22)
●共通する幼虫が食べる植物
スイバ・イタドリ (114)

イタドリ

【タデ科】 *Reynoutria japonica*

多年草　分 北海道西部～琉球　特 葉は丸みを帯びた長三角形で先端がとがり、縁は波うち鋸歯はない。茎はタケのように中空で節があって太く、150センチほどまで伸びる。夏に葉の付け根や枝先から花序を出して、白い花を房のようにつける。種には翼があり遠くまで飛ぶ。

▶道ばた、荒れ地、土手などの日当たりのよい場所に生える。春先に出る芽は「スカンポ」と呼ばれて食用になり、根は薬として使われる。花の赤い品種は庭にも植えられる。ガやハバチ、ハムシなどが葉を食うほか、チョウやガ、ハチ、甲虫などが花によく集まる。

●この植物を食べる幼虫
ハグロハバチ (18) シロヒトリ (80) カラスヨトウ (90) キバラモクメキリガ (93) ルリシジミ (庭24) シロシタヨトウ(庭78)
●共通する幼虫が食べる植物
ギシギシ (114)

ヤブカラシ

【ブドウ科】 *Cayratia japonica*

多年草　分北海道南西部〜琉球　特よく枝分かれして2〜3メートルまでのびるつる性植物。葉は5枚の小葉で粗い鋸歯がある。葉と対生して巻きひげがのび、他のものに巻きついて茎を支える。7〜9月にオレンジ色の花盤のまわりに黄緑色の花びらのついた粒のように細かい花を咲かせる。地下茎をのばしてよく増える。

▶林の縁や道ばた、荒れ地など、都会でもよく見られる。ヤブにおおいかぶさってよく茂り、枯らしてしまうほどなのでこの名がついた。スズメガの仲間が食草にするほか、花にはアゲハチョウの仲間やハチ、甲虫が集まる。

●この植物を食べる幼虫
モンキクロノメイガ（54）コスズメ（62）カラスヨトウ（90）ブドウスズメ（庭51）セスジスズメ（庭52）ビロードスズメ（庭53）トビイロトラガ（庭75）
●共通する幼虫が食べる植物
ブドウ（庭85）・ノブドウ

ヘクソカズラ

【アカネ科】 *Paederia scandens*

多年草　分日本全国　特よく枝分かれして2〜3メートルまでのびるつる性植物。葉は長いハート形で対生し鋸歯はない。茎がほかのものに巻きついてのびる。全体に細かい毛が生えている。夏に咲く花は筒状で先が5つに分かれ、内側が赤紫色。秋にはつやのある丸く茶色い実をつける。別名ヤイトバナ。

▶林の縁や道ばた、草地、公園、人家の庭など、都会でもよく見られる。葉をもむとくさい臭いがすることからこの名がついた。スズメガの仲間以外に葉を食う昆虫は、ハムシの仲間がいるくらいで少ない。

●この植物を食べる幼虫
ホシヒメホウジャク（60）ヒメクロホウジャク（61）ホシホウジャク（61）

クズ

【マメ科】 *Pueraria lobata*

多年草　分北海道〜九州　特よく枝分かれし、10メートル以上にのびるつる性植物。地面についたつるからも根を出して成長する。長い葉柄に鋸歯が無い大きな小葉が3枚つく。葉の裏は白く、縁は浅く切れ込む。8〜9月に香りが強い多くの花をつけた穂が立ち上がる。

▶草地、道ばた、川の土手、林の縁などに生え、地面や他の植物をおおいつくすほど茂る。秋の七草の一つで、昔は根からでんぷんや薬、つるからせんいをとった。チョウ、ガ、タマムシの幼虫や、コガネムシなどが、葉、花、若い実を食うほか、カメムシの仲間が汁を吸う。

●**この植物を食べる幼虫**
トラフシジミ（32）ウラギンシジミ（庭22）ウラナミシジミ（庭23）ツバメシジミ（庭24）ルリシジミ（庭24）コミスジ（庭26）トビイロスズメ（庭46）
●**共通する幼虫が食べる植物**
フジ（庭87）・ハギ（庭86）

タチツボスミレ

【スミレ科】 *Viola grypoceras*

多年草　分北海道〜琉球　特高さ5〜20センチほど。葉は丸いハート形で粗い鋸歯があり、背が低い時期には根元から生え、丈が伸びると茎から枝分かれする。葉柄の付け根には、深い切れ込みのある托葉がつく。春に咲く花弁が5枚のうす紫色の花は、後ろに距が突き出す。実が熟すと三つに裂け、種子を遠くにはじき飛ばす。

▶海岸近くから山地までの明るい林、草地、道ばたなどに生える、日本で最も普通に見られるスミレの一つ。ヒョウモンチョウの仲間が葉を食べるほか、ギフチョウやミヤマセセリ、アブ、ハチなどが花に蜜を吸いに来る。

●**この植物を食べる幼虫**
ミドリヒョウモン（37）メスグロヒョウモン（38）ツマグロヒョウモン（庭25）
●**共通する幼虫が食べる植物**
パンジー（庭102）

カラムシ

【イラクサ科】　*Boehmeria nivea*

多年草　分 本州〜琉球　特 葉は大型で丸く先が細くとがり、縁には細かい鋸歯がある。しわが多く裏側には白い綿毛が生え、直立した１メートルほどの茎に互生する。夏に穂になった花を葉の付け根につける。雑木林や畑のまわり、道ばた、土手などにかたまって生える。

▶昔は茎から糸をとって布を織るために栽培された。よく似たヤブマオは対生で鋸歯が深く、葉の裏は白くない。チョウやガの幼虫のほか、移入種のラミーカミキリは成虫が葉を、幼虫が茎を食べ、ヒメコブオトシブミは葉を巻いてゆりかごにする。

●この植物を食べる幼虫
アカタテハ（42）クロキシタアツバ（84）フクラスズメ（86）ヒメアカタテハ（庭28）
●共通する幼虫が食べる植物
ヤブマオ・イラクサ

ヨモギ

【キク科】　*Artemisia indica var. maximowiczii*

多年草　分 日本全国　特 葉は深く切れ込み、裏側は毛が密生して白い。茎は高さ１メートルほどに直立して木のように固くなり、多く枝分かれする。全体に細かい毛が生えている。８〜９月に茎の先に小さな丸い花が集まって下向きに咲く。冬は地面に貼りつくようにして越す。

▶林のまわりや草原、川の土手、道ばた、空き地など、明るい場所でよく見られる。春にのびはじめた芽をつんで草もちを作り、葉に生えた毛はお灸のもぐさにする。チョウやガの幼虫のほか、ハムシが葉を食べ、カメムシやヨコバイの仲間が汁を吸う。虫こぶがよくできる。

●この植物を食べる幼虫
トビモンシロヒメハマキ（51）ハイイロセダカモクメ（90）ナシケンモン（91）ヒメアカタテハ（庭28）

イモムシ・ケムシを観察しよう

●道ばたのイモムシ・ケムシ観察は中級コース

　　　　姉妹書の『庭のイモムシ・ケムシ』では、自然がまったく無いように見える大都会でも、彼らがエサとする植物を目じるしにすれば、多くの種類に出会うことができることを解説した。

　　　一方、本書が対象とする道ばた、街路樹、公園、雑木林といったフィールドでは、庭では決して見られないさまざまな姿のイモムシ・ケムシに出会うことができ、世界が一気に広がるのを感じられるだろう。種類にしても、庭よりもけた違いに多く見つけることができるに違いない。

　　　しかし、それと同時に、探す範囲は庭と比べものにならないほど広範囲になる。植物を目印にするにしても、人間に植栽されたなじみ深い植物だけではなく、あまり目にしたことにない植物も対象になってくる。さらに生息密度も、少ない緑に集中している庭と比べて、ずっとまばらな場合が多い。本に載っていない種類が数多く見つかる場合も少なくない。

　　　というわけで、道ばたでのイモムシ・ケムシ観察は、庭に比べて確実に難易度が上がる。ただし、注目すべきポイントも、基本的には庭の場合と変わりがないので、気長にステップアップしていこう。

●探す植物を絞り込もう

　　　　道ばたのイモムシ・ケムシワールドでも、植物が入り口であることは庭の場合と変わりがない。しかし、はじめから見つけたい種類が決まっている場合は別として、食草・食樹のページにあげた種類を端からチェックしていくのはたいへんだ。そこで、なるべく多くのイモムシ・ケムシがエサとして利用する植物から覚えていくことをおすすめしたい。

　　　まずあげられる食樹のベスト3は、サクラ（庭P 90）コナラ（P 104）クヌギ（P 103）だろう。この本のシリーズで取り上げただけでも、それぞれ50種以上のイモムシ・ケムシがエサとしているほどだ。いずれの木も雑木林の重要な構成種で、目にする機会も多い。

　　　食草では、ヤブカラシ（P 115）クズ（P 116）キク（庭P 106）な

どがあげられる。ススキ（P112）やヨシ（P113）も多くの種類が利用するが、巣をつくったり昼間は隠れているものが多いので、やや探しにくい。
　そのほかにも、クワ（P106）ケヤキ（P109）ミズキ（P110）ヤナギ（庭P89）クリ（庭P88）カキ（庭P94）などは、人家の近くでもよく見られ、覚えやすい木だろう。

●イモムシ・ケムシのベストシーズンは？

　幼虫の姿のまま冬越しをする種類もいるので、観察には完全なシーズンオフというものはないが、できればなるべく多くの種類に出会える方がうれしい。イモムシ・ケムシの種類や数が最も多いのは、エサである植物が盛んに成長する新緑のシーズンである。年1化の種類には、この季節以外には見られないものも少なくない。とくに雑木林では、非常に多くの種類が一度に現れるので、観察するのが忙しいほどだ。
　しかし6月後半から真夏にかけては、蛹になったり成虫となって姿を現すものが増えるため、そのぶん幼虫は少なくなる。
　発生が年2化の種類では、夏に現れる成虫が産卵した卵からかえった幼虫が、9～10月にかけてよく目につく。第2のハイ・シーズンと言えるだろう。蛹で越冬する大型のスズメガの仲間なども、大きく成長した終齢幼虫を見つけやすい時期だ。
　越冬する場所が決まっている種類は冬の方が見つけやすく、食樹の根元の落ち葉の下にいるオオムラサキやゴマダラチョウ、樹上の枯れ葉につかまっているミスジチョウなどがあげられる。

●こんなポイントに目をつけよう

　慣れないうちは植物の茂みをながめていても、幼虫がなかなか見つからないことが多いかもしれない。幼虫探しの名人が、短い時間でも次々と見つけることができるのは、食樹・食草だけではなく、よくいる場所を経験的に知っていて、探すポイントを絞り込んでいるからだ。

[林内と林縁]
　雑木林などでは、林の中よりも縁の方が日当たりもよく植物の種類も多い。さらに成虫が飛びまわる空間も広いので、メスが卵を産みやすい。
　もちろん林内の暗い環境が好きな種類もいるが、より多くの種類の幼虫を見つけることができるのは林縁だろう。道などに面している場合も多いので、観察もしやすい。

林縁は観察もしやすい

[日なたと日陰]
　例えばアゲハチョウの仲間では、同じ食樹を食べている幼虫でも、アゲハやモンキアゲハは日なたの枝からも見つかるのに対し、クロアゲハやカラスアゲハは日陰に多く、オナガアゲハはとくに暗い茂みを好むといった違いがある。ただし明るい環境が好きな種類でも、天敵にすぐ見つかるような日なたの葉の表に堂々ととまっているものは少ない。

[小木と大木]
　大木のまわりに生えている小木から幼虫がよく見つかる場合も少なくない。とくにアゲハは日当たりのよい場所に生えた食樹の幼木に好んで卵を産み、ウラゴマダラシジミも日なたでのびのびと枝を伸ばした食樹より、日陰のひょろひょろした木にいる場合が多い。一方、スギタニルリシジミは、エサとなる花が高い位置に咲くので大木を好む。

[幹や枝]
　エサを食べる時以外は葉から離れて、枝や幹にじっととまっている幼虫も少なくない。なかでもカレハガの仲間は、体側の毛が発達していて体が平たく見えるものが多く、樹皮の上では見つけにくい。シタバガの仲間のように、驚かせると体をくねらせて下に落ちる種類もいる。ほかの種でも、

蛹になる時期が近づいた終齢幼虫は、幹の上を歩いていることが多い。

[花やつぼみ]

　シジミチョウの仲間の幼虫には花やつぼみを食べるものが目立ち、とくにマメ科の植物の花からはよく見つかる。食べている花の色やつぼみに姿を似せているものもいて、見つけにくい種類が少なくない。スギタニモンキリガはツバキの花やつぼみにもぐり込み、地面に落ちた花の中にもいる。広食性のハスモンヨトウも花壇の花を食べているのがよく見つかる。

[昼行性と夜行性]

　大部分の幼虫は昼間に活動するが、夜行性の種類も知られている。ススキやササを食べるジャノメチョウ亜科の幼虫は、成虫の数や食草は多いのになかなか見つからない。これは昼間は根元などに隠れている夜行性の種類が多いためだ。カレハガの仲間やサラサリンガも、昼間は幹や巣の中で休んでいて夜になると葉を食べる。

●フィールドサインを見つけよう

　幼虫たちが残す目印・フィールドサインは、緑が限られ探しやすい庭や畑に比べ、自然のなかではより重要な手がかりになる。幼虫の種類が豊富な分だけ多種多彩だ。

[フン]

　公園や街路樹に植えられた木では、下の地面が舗装やむき出しになっている場合が多いので、落ちているフンによって幼虫の存在を知ることができる。アゲハチョウ科やスズメガ科、ヤママユガ科などはフンも大きいので目立ち、集団発生する種類では木の下が一面フンだらけになる。

ただし雑木林や草原では、地面の草などにまぎれてしまうので、目印にするのは難しいかもしれない。

[食べあと]

大型種や集団発生するものは、葉を丸坊主にすることもあるのでよく目立つが、気付いた時にはすでに移動してしまった後の場合も少なくない。マメ科やシダの複葉の一部が欠けたように見えるのも、よい目印になる。

チョウでは、スミナガシなどのタテハの若齢幼虫は、食草の先を規則的にかじって葉の小片をぶら下げ、アサギマダラも丸い食痕を残す。

[巣]

セセリチョウの幼虫はすべて、葉を丸めた巣をつくる。木の葉を食べるシジミチョウにも、葉をしおれさせたりつづった中に潜むものが多い。ツトガの仲間は、巣の中をフンだらけにするのでよく目立つ。

越冬するための巣をつくるものには、吐いた糸で枯れ葉を枝にくくりつけるミスジチョウの仲間や、丸めた葉の中に潜むセセリチョウがいる。

巣ではないが、タテハチョウのうちオオムラサキなどは、特定の葉に糸を張り休み場所と決めている。

[アリ]

シジミチョウ科の幼虫の多くは体から甘い汁を出し、それを目当てにアリが集まるので、探すためのよい目印になる。幼虫の体をつついて、ねだるようなしぐさをするものも少なくない。アリは攻撃性が強く、ほかの昆虫の多くは近よらないので、結果的にこうした幼虫の用心棒のような存在となっている。

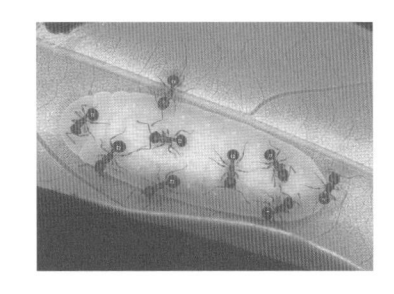

●こんな環境にこんな種類が

庭で見られるイモムシ・ケムシの種類が、植えられている植物に左右されるのに対して、道ばたの場合は、その場所の環境によって、見つかる種類が大きく違ってくる。

[街路樹]

木の種類によって見つかる幼虫の種類が限られるという点では庭と近い。昆虫が好む街路樹は、ポプラ、ヤナギ、ケヤキ、ハリエンジュなどで、とくにサクラは多くの種類が食べる。東京などの大都市では、クスノキがよく植えられるようになったため、アオスジアゲハの数が増えた。

一方、イチョウ、トウカエデ、カイヅカイブキ、キョウチクトウなどを食べる種類は少ない。かつてはプラタナスなどにアメリカシロヒトリ（庭70）が大発生することもあったが、最近ではほとんど見かけない。

ただし、ひんぱんに消毒や剪定をされる街路樹では、見つかるイモムシ・ケムシの数は少なくなる。

[公園]

　一口に公園と言っても、昆虫の姿がほとんど見られない人工的なものから、雑木林に匹敵するほど豊かな自然が残されているものまでさまざまだ。

　花壇と限られた種類の植木しかないような公園でも、食草や食樹さえあればイモムシ・ケムシが全くいないわけではない。分布を広げつつあるクロマダラソテツシジミやムラサキツバメなどは、こうした環境の食樹で発生している場合が多い。

　逆に緑が豊かな公園でも、種類が片寄っていて幼虫が好む植物が少ない場合は、限られた種類しか見つからない。ツバキやサザンカばかり植えられたため、チャドクガ(庭67)が大発生した例もある。

　理想的なのは、雑木林の植生や地形を生かして整備され、下草やササやぶ、幼木などがあまり刈り取られていない公園だろう。ただし最近では「森林公園」の名前がついていても過剰に草刈りが行なわれてしまい、昆虫の数も種類も少なくなってしまった所もある。

[雑木林]

　生えている植物の種類も豊かで、身近な自然のなかでは最も多くのイモムシ・ケムシを見つけることができる絶好の環境だ。色鮮やかなミドリシジミの仲間やオオムラサキ、大型のイボタガ、ヤママユ、キシタバの仲間といった人気の高い種類も多い。

　とくに適度に手入れされて若い木も多く、場所によって木や草の茂り具合が違っているような雑木林では、さまざまな種類の昆虫が、それぞれ好みの場所を選んですみつくため、自然

林よりも多くの種類に出会うことさえ珍しくない。

　もっとも、そのような自然が保たれた雑木林はたいへん少なくなっており、たいていは放置されて大木ばかりとなり、ヤブや常緑樹が茂って、なかに入ることもできなかったり、ゴミ捨て場と化している場合も多い。

　また、住宅地の近くにある雑木林は公園として整備されている例が多く、下草や幼木が刈り取られてしまったり、フィールドアスレチックになって地面がむき出しになっていることすらある。

　こうした雑木林では、見つかる種類はぐっと少なくなるだろう。

[神社]

　クスノキなどの大木が生えている「鎮守の森」は、多くの種類の草木がよく茂って薄暗く、日本では少なくなった照葉樹林に近い環境が残されているため、ほかでは見られない種類がすんでいる。

　照葉樹を食樹とするホタルガ（庭36）やビロードハマキ（庭38）はその代表的な種類で、西日本ではミカドアゲハやムラサキツバメなどがすみついていることもある。薄暗いササやぶには、クロヒカゲのようなジャノメチョウの仲間やゴイシジミが見られる。

[河原や土手]

　石がゴロゴロしているような河原には、乾燥地に適応したマメ科の食草をエサにするシジミチョウやキチョウ類がすみ、ヨシやススキが茂っている場所には、セセリチョウの仲間が多く見られる。コムラサキは水辺のヤナギにいることが多い。

丈の低い草の茂った川の土手は、明るい草原を好むハバチやチョウにとって絶好のすみかとなっている。所々にヤブや低木が茂っていれば、さらに多くのイモムシ・ケムシに出会えるだろう。
　ただし、年に何度も草刈りが行なわれて、芝生のようになっている場所では、見つかる種類は少なくなる。

[道ばた]

　緑の少ない町なかでも、手入れが悪く雑草だらけの歩道の植込み、駐車場や空き地のすみに茂った草や低木、フェンスにからみついたつるなどは、見過ごせないポイントだ。
　川沿いに残された細長い緑地に沿った遊歩道などは、生えている植物が多様なら、雑木林に匹敵するほど多くの種類に出会えることもある。観察もしやすいので絶好の環境と言えるだろう。

[休耕田]

　池のまわりなどにヨシなどが茂った自然の豊かな水辺は、護岸工事などによってすっかり少なくなってしまったが、米作りをやめて水たまりに草の茂った休耕田は、それに替わるものとして貴重な存在だ。
　ヨシカレハやスゲドクガはこうした環境に生息する代表的な種類で、セセリチョウの仲間や最近分布を広げているクロコノマチョウ（庭29）もよく見つかる。

参考資料

●書籍
『イモムシハンドブック』安田守／文一総合出版, 2010
『かならずみつかる！昆虫ナビずかん』川上洋一他／旺文社, 2002
『蛾の幼虫の見分け方』中臣謙太郎／ニューサイエンス社, 1986
『樹と生きる虫たち』中臣謙太郎／誠文堂新光社, 1993
『原色日本蛾類図鑑』江崎悌三監修／保育社, 1958
『原色日本蛾類幼虫図鑑』一色周知監修／保育社, 1965
『原色日本蝶類生態図鑑』福田晴夫他／保育社, 1982
『昆虫の食草・食樹ハンドブック』森上信夫他／文一総合出版, 2007
『スーパー採卵術』蝶研出版編集部／蝶研出版, 1989
『続・樹の本』財団法人サンワみどり基金／アボック社出版局, 1983
『楽しい昆虫採集』岡田朝雄他／草思社, 1991
『東京都の蝶』西多摩昆虫同好会／けやき出版, 1991
『日本産蛾類大図鑑』井上寛他／講談社, 1982
『日本産蛾類の知見』佐々木昇編／日本蛾類学会事務局頒布提携, 1994
『日本産蛾類標準図鑑Ⅰ・Ⅱ』岸田泰則編／学習研究社, 2011
『日本産幼虫図鑑』岸田泰則他監修／学習研究社, 2005
『日本動物大百科・昆虫』石井実他編／平凡社, 1996
『日本農業害虫大事典』梅谷献二他編／全国農村教育協会, 2003
『庭のイモムシケムシ』みんなで作る日本産蛾類図鑑編／東京堂出版, 2011
『野や庭の昆虫』中山周平／小学館, 2001
『花と緑の園芸百科』柳宗民他／山と渓谷社, 1994
『山口県東部における蛾類の訪花活動』池ノ上利幸／誘蛾会, 1999

●雑誌・機関誌
『蛾類通信』日本蛾類学会
『月刊むし』むし社
『植物の世界』朝日新聞社
『STAGE』飼育の会STAGE
『やどりが』日本鱗翅学会
『ゆずりは』NRC出版

●Webサイト
「神戸発自然とハチのページ」http://www.kcc.zaq.ne.jp/athalia/main.htm
「森林生物図鑑」http://www.weblio.jp/cat/nature/srsbz
「日本産蝶類和名学名便覧」http://binran.lepimages.jp/
「BGPlant」http://bean.bio.chiba-u.jp/bgplants/
「List-MJ 日本産蛾類総目録」http://listmj.mothprog.com/
「MOTHPROG」http://www.mothprog.com/

写真提供者とサイト （提供者の本文表示は、📷マークのあとの欧文表記に略しています）

青木由親…aoki	阪本優介…saka
有澤三喜夫…arsw	佐久間聡…saku
有田忠弘…arit	佐々木幹夫…sski
石綿深志…ishi	鈴木淳夫…suzu
伊丹市昆虫館…itam	原嶋守…hara
上山智嗣…ueym	福田治…fuku
牛尾泰明…ushi	藤本かおり…fuji
大辻一徳…ohtz	(地独)北海道立総合研究機構 林業試験場…hoku
笠原ヒロ子…kasa	松本史樹郎…mats
川上紳一…kwkm	村川愛希人…mura
川上洋一…kawa	山下雅司…ymst
川端一旗…kwbt	山本健二…yama
坂本和子…skmt	渡部茂実…wata

「愛野緑」	http://www5b.biglobe.ne.jp/~zephyrus/
「明石の蛾達」	http://aporia.ddo.jp/yamken/akasinogatati.html
「ある蛾屋の記録」	http://www.jpmoth.org/~moth-love/
「伊丹市昆虫館」	http://www.itakon.com/
「いもむしうんちは雨の音」	http://blog.zaq.ne.jp/insect/
「大阪市とその周辺のチョウ」	http://homepage3.nifty.com/ueyama/main.html
「大阪市立自然史博物館」	http://www.mus-nh.city.osaka.jp
「かけす・くらぶ…身近な生き物便り」	http://blogs.yahoo.co.jp/kakeyan52
「訓ちゃんの土木研究所」	http://www.dobokukenkyujyo.com
「相模国の自然スケッチ」	http://www.geocities.jp/issun_no_mushi/
「South wind」	http://hanairoyumeiro.blog7.fc2.com
「さくちゃんの生きもの便り」	http://www.ikimono.net/
「狭山市の自然」	http://asuzuki.la.coocan.jp/hp2/
「探蝶逍遥記」	http://fanseab.exblog.jp/
「蝶の図鑑」	http://www.j-nature.jp/butterfly/index.shtml
「地球昆虫図鑑」	
http://chigaku.ed.gifu-u.ac.jp/chigakuhp/html/kyo/seibutsu/doubutsu/500KonchuTop/index.html	
「富山県産蛾類博物館」	http://t-moth.jp/
「Fauna & Floras Phase2」	http://fandf.exblog.jp/
「福岡市のチョウ」	http://www.g-hopper.ne.jp/free/fukuda/
「ふしあな日記」	http://spatica.blog60.fc2.com/
「北海道立林業試験場・樹木を食べる昆虫」	
	http://www.fri.hro.or.jp/zukan/konchu/00top.html
「夢見ぬ蝶愛好家の部屋」	http://www.geocities.jp/kumotuki24/

あとがき

～みんなで作る日本産蛾類図鑑とは～

　「みんなで作る日本産蛾類図鑑」は、誰でも参加できるネット上の蛾の図鑑ウェブサイトです。インターネット上で自分の撮影した写真を投稿するシステム（画像掲示板）の延長線ですが、みんなでやりとりして名前を調べ、わかった蛾の画像は管理人が分類してそれぞれの種の画像ギャラリーに保存されます。ギャラリーでは、蛾の全種の種名リストや、分布、幼虫の食べ物や、同定のポイントなどを図鑑のように調べることができます。

　このサイトから2011年5月に生まれた「庭のイモムシケムシ」は、多くの方にご好評をいただいたおかげで、一年足らずのうちに本書「道ばたのイモムシケムシ」を発行することができました。

　今回も「みんなで作る日本産蛾類図鑑」に画像を投稿いただいた方を中心に写真をお借りしていますが、集める作業は前回に比べて難航し、ようやく〆切に間に合ったものもあったほどです。なかには泣く泣く今回の掲載をあきらめたものも少なくありません。

　今後も、より多くの方にご参加いただければ、幼虫についての情報を充実させていくことができますので、ぜひご協力をお願いします。

　この本ではハバチやチョウの分野、また、ガのなかでも画像の足りない分について、多くの方にご協力いただきました。さらに、生物イラストレーターの小堀文彦氏には、植物画をすべて描いていただきました。

　多くの方々のお力添えのおかげで、この本はたいへん情報が充実した見やすいものになったことを感謝いたします。なお、装丁については姉妹編と同様に編者の一人・阪本優介が担当しました。

　最後になりましたが、編者たちの考えをご理解いただき、一冊の本へとまとめてくれた自然科学ライターの川上洋一氏・東京堂出版の名和成人氏には深くお礼申し上げます。

2012年5月

「みんなで作る日本産蛾類図鑑」管理人
阪本優介・神保宇嗣・鈴木隆之
http://www.jpmoth.org

索 引
(種名・科名・学名・掲載頁を表示)

【ハバチ類】

和名	科名	学名	頁
アケビコンボウハバチ	【コンボウハバチ科】	Zeraea akebii	16
コブシハバチ	【ハバチ科】	Megabeleses crassitarsis	18
サクラヒラタハバチ	【ヒラタハバチ科】	Neurotoma iridescens	14
ニホンアカズヒラタハバチ	【ヒラタハバチ科】	Acantholyda nipponica	14
ニレクワガタハバチ	【ミフシハバチ科】	Aproceros leucopoda	15
ニレチュウレンジ	【ミフシハバチ科】	Arge captive	15
ハグロハバチ	【ハバチ科】	Allantus luctifer	18
ホシアシブトハバチ	【コンボウハバチ科】	Agenocimbex jocund	16
ポプラハバチ	【ハバチ科】	Trichiocampus populi	17
マツノクロホシハバチ	【マツハバチ科】	Diprion nipponicus	17

【チョウ類】

和名	科名	学名	頁
アオスジアゲハ	【アゲハチョウ科】	Graphium sarpedon	26
アオバセセリ	【セセリチョウ科】	Choaspes benjaminii	19
アカシジミ	【シジミチョウ科】	Japonica lutea	30
アカタテハ	【タテハチョウ科】	Vanessa indica	42
アカボシゴマダラ大陸亜種	【タテハチョウ科】	Hestina assimilis assimilis	43
アサギマダラ	【タテハチョウ科】	Parantica sita	37
アサマイチモンジ	【タテハチョウ科】	Limenitis glorifica	38
イシガケチョウ	【タテハチョウ科】	Cyrestis thyodamas	40
ウスバシロチョウ	【アゲハチョウ科】	Parnassius citrinarius	24
ウラゴマダラシジミ	【シジミチョウ科】	Artopoetes pryeri	29
ウラナミアカシジミ	【シジミチョウ科】	Japonica saepestriata	31
オオミドリシジミ	【シジミチョウ科】	Favonius orientalis	32
オオムラサキ	【タテハチョウ科】	Sasakia charonda	44
オナガアゲハ	【アゲハチョウ科】	Papilio macilentus	25
ギフチョウ	【アゲハチョウ科】	Luehdorfia japonica	23
ギンイチモンジセセリ	【セセリチョウ科】	Leptalina unicolor	20
クロセセリ	【セセリチョウ科】	Notocrypta curvifascia	21
クロツバメシジミ	【シジミチョウ科】	Tongeia fischeri	34
クロヒカゲ	【タテハチョウ科・ジャノメチョウ亜科】	Lethe Diana	45
クロマダラソテツシジミ	【シジミチョウ科】	Chilades pandava	36
ゴイシシジミ	【シジミチョウ科】	Taraka Hamada	28
コジャノメ	【タテハチョウ科・ジャノメチョウ亜科】	Mycalesis francisca	46
コチャバネセセリ	【セセリチョウ科】	Thoressa varia	21
コツバメ	【シジミチョウ科】	Callophrys ferrea	33
ゴマダラチョウ	【タテハチョウ科】	Hestina persimilis	43
コムラサキ	【タテハチョウ科】	Apatura metis	42
サカハチチョウ	【タテハチョウ科】	Araschnia burejana	41
ジャコウアゲハ	【アゲハチョウ科】	Atrophaneura alcinous	25
シルビアシジミ	【シジミチョウ科】	Zizina emelina	33
スギタニルリシジミ	【シジミチョウ科】	Celastrina sugitanii	34
スミナガシ	【タテハチョウ科】	Dichorragia nesimachus	40
チャバネセセリ	【セセリチョウ科】	Pelopidas mathias	22
ツマグロキチョウ	【シロチョウ科】	Eurema laeta	27
テングチョウ	【タテハチョウ科】	Libythea lepita	36

和名	科名	学名	頁
トラフシジミ	【シジミチョウ科】	*Rapala arata*	32
ヒオドシチョウ	【タテハチョウ科】	*Nymphalis xanthomelas*	41
ヒカゲチョウ	【タテハチョウ科・ジャノメチョウ亜科】	*Lethe sicelis*	45
ヒメウラナミジャノメ	【タテハチョウ科・ジャノメチョウ亜科】	*Ypthima argus*	44
ヒメキマダラセセリ	【セセリチョウ科】	*Ochlodes ochraceus*	22
ホシミスジ	【タテハチョウ科】	*Neptis pryeri*	39
ホソオチョウ	【アゲハチョウ科】	*Sericinus montela*	24
ホソバセセリ	【セセリチョウ科】	*Isoteinon lamprospilus*	20
ミカドアゲハ	【アゲハチョウ科】	*Graphium doson*	26
ミズイロオナガシジミ	【シジミチョウ科】	*Antigius attilia*	30
ミスジチョウ	【タテハチョウ科】	*Neptis philyra*	39
ミドリシジミ	【シジミチョウ科】	*Neozephyrus japonicas*	31
ミドリヒョウモン	【タテハチョウ科】	*Argynnis paphia*	37
ミヤマシジミ	【シジミチョウ科】	*Plebejus argyrognomon*	35
ミヤマセセリ	【セセリチョウ科】	*Erynnis Montana*	19
ミヤマチャバネセセリ	【セセリチョウ科】	*Pelopidas jansonis*	23
ムラサキシジミ	【シジミチョウ科】	*Arhopala japonica*	29
ムラサキツバメ	【シジミチョウ科】	*Arhopala bazalus*	28
メスグロヒョウモン	【タテハチョウ科】	*Damora sagana*	38
ヤクシマルリシジミ	【シジミチョウ科】	*Acytolepis puspa*	35
ヤマトスジグロシロチョウ	【シロチョウ科】	*Pieris nesis*	27

【ガ類】

和名	科名	学名	頁
アカエグリバ	【ヤガ科】	*Oraesia excavate*	84
アカスジアオリンガ	【ヤガ科】	*Pseudoips sylpha*	82
アカスジシロコケガ	【ヒトリガ科】	*Cyana hamata*	79
アカバキリガ	【ヤガ科】	*Orthosia carnipennis*	92
アカヒゲドクガ	【ドクガ科】	*Calliteara lunulata*	75
アゲハモドキ	【アゲハモドキガ科】	*Epicopeia hainesii*	62
アケビコノハ	【ヤガ科】	*Eudocima tyrannus*	85
イチジクヒトリモドキ	【ヤガ科】	*Asota ficus*	83
イボタガ	【イボタガ科】	*Brahmaea japonica*	58
ウコンカギバ	【カギバガ科】	*Tridrepana crocea*	63
ウスキシャチホコ	【シャチホコガ科】	*Mimopydna pallid*	74
ウスタビガ	【ヤママユガ科】	*Rhodinia fugax*	57
ウチジロマイマイ	【ドクガ科】	*Parocneria furva*	78
ウラベニエダシャク	【シャクガ科】	*Heterolocha aristonaria*	69
ウンモンスズメ	【スズメガ科】	*Callambulyx tatarinovii*	59
エゾヨツメ	【ヤママユガ科】	*Aglia japonica*	58
オオアヤシャク	【シャクガ科】	*Pachista superans*	69
オオキノメイガ	【ツトガ科】	*Botyodes principalis*	52
オオケンモン	【ヤガ科】	*Acronicta major*	91
オオシモフリスズメ	【スズメガ科】	*Langia zenzeroides*	59
オオトモエ	【ヤガ科】	*Erebus ephesperis*	87
オオミノガ	【ミノガ科】	*Eumeta variegate*	47
オレクギエダシャク	【シャクガ科】	*Protoboarmia simpliciaria*	66
カギシロスジアオシャク	【シャクガ科】	*Geometra dieckmanni*	70
カキバトモエ	【ヤガ科】	*Hypopyra vespertilio*	87
カノコガ	【ヒトリガ科】	*Amata fortune*	79
カバイロキバガ	【キバガ科】	*Dichomeris heriguronis*	48
カバフヒメクチバ	【ヤガ科】	*Mecodina cineracea*	88
カラスヨトウ	【ヤガ科】	*Amphipyra livida*	90
キアシドクガ	【ドクガ科】	*Ivela auripes*	77
キエダシャク	【シャクガ科】	*Auaxa sulphure*	68

和名	科名	学名	頁
キドクガ	【ドクガ科】	*Euproctis piperita*	78
キハラゴマダラヒトリ	【ヒトリガ科】	*Spilosoma lubricipedum*	80
キバラモクメキリガ	【ヤガ科】	*Xylena Formosa*	93
ギンモンカギバ	【カギバガ科】	*Callidrepana patrana*	63
クロウスムラサキノメイガ	【ツトガ科】	*Teliphasa elegans*	52
クロキシタアツバ	【ヤガ科】	*Hypena amica*	84
クロクモエダシャク	【シャクガ科】	*Apocleora rimosa*	66
クロゲハイイロヒメハマキ	【ハマキガ科】	*Spilonota melanocopa*	50
クロスジキンノメイガ	【ツトガ科】	*Pleuroptya balteata*	53
クロスズメ	【スズメガ科】	*Sphinx caliginea*	60
クロテンシャチホコ	【シャチホコガ科】	*Ellida branickii*	73
クワゴ	【カイコガ科】	*Bombyx mandarina*	55
クワノメイガ	【ツトガ科】	*Glyphodes pyloalis*	53
コウスベリケンモン	【ケンモンガ科】	*Anacronicta caliginea*	83
コスズメ	【スズメガ科】	*Theretra japonica*	62
サラサリンガ	【コブガ科】	*Camptoloma interioratum*	82
シラホシコヤガ	【ヤガ科】	*Enispa bimaculata*	88
シリグロハマキ	【ハマキガ科】	*Archips nigricaudana*	49
シロヒトリ	【ヒトリガ科】	*Chionarctia nivea*	80
シンジュサン	【ヤママユガ科】	*Samia Cynthia*	56
スカシカギバ	【カギバガ科】	*Macrauzata maxima*	64
スギドクガ	【ドクガ科】	*Calliteara argentata*	75
スゲドクガ	【ドクガ科】	*Laelia coenosa*	76
タイワンイラガ	【イラガ科】	*Phlossa conjuncta*	49
タカオシャチホコ	【シャチホコガ科】	*Hiradonta takaonis*	74
チャバネフユエダシャク	【シャクガ科】	*Erannis golda*	67
チャミノガ	【ミノガ科】	*Eumeta minuscule*	47
ツマジロエダシャク	【シャクガ科】	*Krananda latimarginaria*	64
トビモンシロヒメハマキ	【ハマキガ科】	*Eucosma metzneriana*	51
トンボエダシャク	【シャクガ科】	*Cystidia stratonice*	65
ナカアオフトメイガ	【メイガ科】	*Teliphasa elegans*	51
ナカグロモクメシャチホコ	【シャチホコガ科】	*Furcula furcula*	72
ナシケンモン	【ヤガ科】	*Viminia rumicis*	91
ニトベエダシャク	【シャクガ科】	*Wilemania nitobei*	67
ノコメトガリキリガ	【ヤガ科】	*Telorta divergens*	93
ハイイロセダカモクメ	【ヤガ科】	*Cucullia maculosa*	90
バイバラシロシャチホコ	【シャチホコガ科】	*Cnethodonta grisescens*	71
ヒトリガ	【ヒトリガ科】	*Arctia caja*	81
ヒメカギバアオシャク	【シャクガ科】	*Mixochlora vittata*	70
ヒメクロホウジャク	【スズメガ科】	*Macroglossum bombylans*	61
ヒメヤママユ	【ヤママユガ科】	*Saturnia jonasii*	57
ヒョウモンエダシャク	【シャクガ科】	*Arichanna gaschkevitchii*	65
ヒロバトガリエダシャク	【シャクガ科】	*Planociampa antipala*	68
フクラスズメ	【ヤガ科】	*Arcte coerula*	86
フジフサキバガ	【キバガ科】	*Dichomeris oceanis*	48
ホシヒメホウジャク	【スズメガ科】	*Neogurelca himachala*	60
ホシホウジャク	【スズメガ科】	*Macroglossum pyrrhosticta*	61
ホソバシャチホコ	【シャチホコガ科】	*Fentonia ocypete*	73
ホソバセダカモクメ	【ヤガ科】	*Cucullia fraternal*	89
ポプラヒメハマキ	【ハマキガ科】	*Gypsonoma minutana*	50
マイマイガ	【ドクガ科】	*Lymantria dispar*	77
マダラツマキリヨトウ	【ヤガ科】	*Callopistria replete*	92
マダラマルハヒロズコガ	【ヒロズコガ科】	*Gaphara conspersa*	46
マメキシタバ	【ヤガ科】	*Catocala duplicate*	85
ムクゲコノハ	【ヤガ科】	*Thyas juno*	86

和名	科名	学名	頁
ムラサキシャチホコ	【シャチホコガ科】	*Uropyia meticulodina*	72
モモイロツマキリコヤガ	【ヤガ科】	*Lophoruza pulcherrima*	89
モンキクロノメイガ	【ツトガ科】	*Herpetogramma luctuosale*	54
ヤママユ	【ヤママユガ科】	*Antheraea yamamai*	56
ヨシカレハ	【カレハガ科】	*Euthrix potatoria*	54
ヨツモンマエジロアオシャク	【シャクガ科】	*Comibaena procumbaria*	71
リンゴカレハ	【カレハガ科】	*Odonestis pruni*	55
リンゴコブガ	【コブガ科】	*Evonima mandschuriana*	81
リンゴドクガ	【ドクガ科】	*Calliteara pseudabietis*	76

【食樹】

和名	科名	学名	頁
アケビ	【アケビ科】	*Akebia quinata*	101
アセビ	【ツツジ科】	*Pieris japonica*	110
アワブキ	【アワブキ科】	*Meliosma myriantha*	100
イヌビワ	【クワ科】	*Ficus erecta*	107
イボタノキ	【モクセイ科】	*Ligustrum obtusifolium*	111
ウツギ	【ユキノシタ科】	*Deutzia crenata*	101
エノキ	【ニレ科】	*Celtis sinensis*	108
ガマズミ	【スイカズラ科】	*Viburnum dilatum*	111
カラスザンショウ	【ミカン科】	*Zanthoxylum ailanthoides*	108
クスノキ	【クスノキ科】	*Cinnamomum camphora*	99
クヌギ	【ブナ科】	*Quercus acutissima*	103
クルミ	【クルミ科】	*Juglans sp.*	105
クワ	【クワ科】	*Morus alba*	106
ケヤキ	【ニレ科】	*Zelkova serrata*	109
コクサギ	【ミカン科】	*Orixa japonica*	109
コナラ	【ブナ科】	*Quercus serrata*	104
コマツナギ	【マメ科】	*Indigofera pseudotinctoria*	102
サルトリイバラ	【サルトリイバラ科】	*Smilax china*	100
スギ	【ヒノキ科】	*Cryptomeria japonica*	98
ノイバラ	【バラ科】	*Rosa multiflora*	107
ハリエンジュ	【マメ科】	*Robinia pseudoacacia*	102
ハンノキ	【カバノキ科】	*Alnus japonica*	105
ヒノキ	【ヒノキ科】	*Chamaecyparis obtuse*	98
ポプラ	【ヤナギ科】	*Populus nigra var. italic*	106
ミズキ	【ミズキ科】	*Swida controversa*	110
モクレン	【モクレン科】	*Magnolia quinquepeta*	99

【食草】

和名	科名	学名	頁
イタドリ	【タデ科】	*Reynoutria japonica*	114
ウマノスズクサ	【ウマノスズクサ科】	*Aristolochia debilis*	113
カラムシ	【イラクサ科】	*Boehmeria nivea*	117
ギシギシ	【タデ科】	*Rumex japonicas*	114
クズ	【マメ科】	*Pueraria lobata*	116
シダ類	【シダ植物】	*Polypodiophyta*	112
ススキ	【イネ科】	*Miscanthus sinensis*	112
タチツボスミレ	【スミレ科】	*Viola grypoceras*	116
ヘクソカズラ	【アカネ科】	*Paederia scandens*	115
ヤブカラシ	【ブドウ科】	*Cayratia japonica*	115
ヨシ	【イネ科】	*Phragmites communis*	113
ヨモギ	【キク科】	*Artemisia indica var. maximowiczii*	117

執筆者・編者略歴

【文・構成】

川上洋一（かわかみ よういち）
1955年生まれ。自然科学ライター＆イラストレーター。
10代の頃から環境教育に携わり、自然のしくみや豊かさを紹介する図書の執筆のかたわら、里山の生物調査や保全活動にも取り組む。
日本昆虫協会理事、日本鱗翅学会会員。
主な著書に『世界珍虫図鑑』（人類文化社）、『からなずみつかる！昆虫ナビずかん』（共著、旺文社）、『東京 消える生き物 増える生き物』（メディアファクトリー新書）、『絶滅危惧の野鳥事典』『絶滅危惧の動物事典』『絶滅危惧の昆虫事典 新版』『絶滅危惧の生きもの観察ガイド【東日本・西日本編】』『庭のイモムシ ケムシ』（いずれも東京堂出版）など多数。

【みんなで作る日本産蛾類図鑑】

阪本優介（さかもと ゆうすけ）
本業はグラフィックデザイナー。
「みんなで作る日本産蛾類図鑑」は2005年から参加。
自サイト「ある蛾屋の記録」にて「日本産フユシャクWEB図鑑」を公開中。
日本蛾類学会役員、誘蛾会会員。
「ある蛾屋の記録」http://www.jpmoth.org/~moth-love/

神保宇嗣（じんぼ うつぎ）
2005年3月、東京都立大学大学院博士課程修了。博士（理学）。
現在は国立科学博物館の研究員として、おもに蛾類の研究にあたっている。蛾の中でも小型のグループが好きで、専門はハマキガの分類。
「みんなで作る日本産蛾類図鑑」には発足当初から参加。
自サイト「MothProg」では「日本産蛾類総目録（List-MJ）」を公開している。
日本蛾類学会、誘蛾会、日本鱗翅学会、日本昆虫学会等の会員。
「MothProg」http://www.mothprog.com/

鈴木隆之（すずき たかゆき）
理学修士 数学（結び目理論、グラフ理論）。
現ITアーキテクト。
日本蛾類学会事務局長。
2003年夏に庭先で奇妙な2mm径の卵（後にカレハガと判明）を見つけて以降、蛾に興味を持つ。
「みんなで作る日本産蛾類図鑑」http://www.jpmoth.org/

資料画 ＊ 小堀文彦

ブックデザイン ＊ 松倉浩

DTP制作 ＊ 株式会社明昌堂

| 道ばたのイモムシ ケムシ

文・構成　川上洋一
編　集　みんなで作る日本産蛾類図鑑
発行者　松林孝至
発行所　株式会社　東京堂出版
〒 101-0051
東京都千代田区神田神保町 1-17
電話　03-3233-3741
振替　00130-7-270

ホームページ http://www.tokyodoshuppan.com

初版印刷　2012年5月25日
初版発行　2012年6月10日

印刷所　東京リスマチック㈱
製本所　東京リスマチック㈱

ISBN978-4-490-20782-8 C0045
Printed in Japan　2012

©Yōichi Kawakami
Minnadetsukuru Nihonsangaruizukan

庭のイモムシケムシ　みんなで作る日本産蛾類図鑑　編
　　　　　　　　　　　川上洋一　文・構成

一般の家庭でよく見られる138種ものイモムシ・ケムシを成虫も含めて生態写真をカラーで掲載し解説。また，その幼虫たちが繁殖する樹木や草花など44種も解説し，そこから検索し見られるよう工夫。A5判　136頁　**本体1,600円**

カラス狂騒曲　行動と生態の不思議　今泉忠明著

私たちにもっとも身近でもっとも謎めいた野鳥＝カラス。人を襲って近頃何かとお騒がせな行動や生態を，動物学者の確かな眼が解き明かす。知っているようで実は知らないことだらけの不思議小百科。　四六判　232頁　**本体1,700円**

行き場を失った動物たち　今泉忠明著

住宅地に出没するクマやイノシシ，農作物を食い荒らすシカやサル，ハトやムクドリの糞と騒音等々。私たちの身近に起きる困った動物たちとのトラブルの経緯，理由，対策を平易に読み解いていく。　四六判　288頁　**本体2,000円**

絶滅危惧の昆虫事典　新版　川上洋一著

最新のレッドデータブックをもとに旧版を全面的に改稿。新たに50種を加え，残りの50種は加筆訂正。昆虫の現在の姿と絶滅危惧の現状を紹介し，自然との共生，保全の問題点にも言及。　A5判　264頁　**本体2,900円**

絶滅危惧の野鳥事典　川上洋一著

環境省がまとめたレッドデータブックから100種をピックアップし，生息する環境の現状，出現分布，減少の原因などを詳細に解説。また，日本の自然環境と環境保全についても鋭く言及する。　A5判　262頁　**本体2,900円**

絶滅危惧の動物事典　川上洋一著

環境省が2007年までにまとめたレッドデータブックの内容に沿って，哺乳類，爬虫類，両生類，無脊椎動物から95種と外来の移入種5種を選び，その姿と生息環境の現状をイラスト付きで紹介。　A5判　262頁　**本体2,900円**

絶滅危惧の生きもの観察ガイド〈東日本編〉　川上洋一著

東日本の絶滅危惧が集中する「ホットスポット」120ヶ所を各県から網羅し，その観察地域の環境や特徴，アクセスや問合せ先などを記すとともに注目すべき生きものを写真・資料画とともに解説。　A5判　160頁　**本体2,000円**

絶滅危惧の生きもの観察ガイド〈西日本編〉　川上洋一著

東日本と同様，西日本編では絶滅危惧が集中する「ホットスポット」60ヶ所と関連地域52ヶ所の計112ヶ所を網羅し，現在の日本の自然がどんな状況にあるかがわかるガイドブック。　A5判　160頁　**本体2,000円**

（定価は本体＋税となります）